景观设计新视点·新思维·新方法丛书 | 丛书主编 **朱淳** 丛书执行主编 **闻晓菁**

王曜 黄雪君 于群 编著

城市公共艺术作品设计

PUBLIC ART
OF URBAN DESIGN

化学工业出版社

·北京·

《景观设计新视点·新思维·新方法丛书》编委会名单

丛书主编：朱　淳
丛书执行主编：闻晓菁
丛书编委（排名不分前后）：吴晓淇　陈新生　王　曜　张　越　彭　彧　张　毅　于立晗
　　　　　　　　　　　　　　王　玥　李　琴　严丽娜　王　纯　黄伟晶　陈雯婷　黄雪君
　　　　　　　　　　　　　　于　群　夏海斌　康　琳　王梦梅　刘靖坤　李佳佳　杨一隽
　　　　　　　　　　　　　　施　展　周昕涛　徐宇红　刘秉琨　邓岱琪

内容提要

　　本书对城市公共艺术及其景观构筑物的概念、发展、社会影响及价值流变等加以系统分析，并对城市景观中的公共艺术及景观构筑物的设计创作过程做了充分的介绍。同时，依照设计教学的规律，对城市公共艺术以及景观构筑物的分类以及所处环境进行归类与分析，并对具体的设计方法做了较详尽的阐述。

　　本书适用于大专院校公共艺术设计、景观及环境设计专业的师生，并对景观设计从业者具有现实的指导与借鉴意义。

图书在版编目（CIP）数据

城市公共艺术作品设计 / 王曜，黄雪君，于群编著. —北京：化学工业出版社，2015.10
（景观设计新视点·新思维·新方法丛书 / 朱淳丛书主编）
ISBN 978-7-122-25026-1

Ⅰ.①城… Ⅱ.①王… ②黄… ③于… Ⅲ.①城市景观–景观设计 Ⅳ.①TU-856

中国版本图书馆CIP数据核字(2015)第201898号

责任编辑：徐　娟　　　　　　　　　　　　　　装帧设计：闻晓菁
　　　　　　　　　　　　　　　　　　　　　　封面设计：邓岱琪

出版发行：化学工业出版社（北京市东城区青年湖南街13号　邮政编码100011）
印　　装：北京虎彩文化传播有限公司
889mm×1194mm　1/16　印张10　字数250千字　2015年11月北京第1版第1次印刷

购书咨询：010-64518888　　　　　　　　售后服务：010-64518899
网址：http://www.cip.com.cn
凡购买本书，如有缺损质量问题，本社销售中心负责调换。

定　　价：58.00元　　　　　　　　　　　　　　　　版权所有　违者必究

丛书序

　　"景观学"是一门新的学科概念。作为一门与环境和艺术相关的设计学科，它又是一门实践性、艺术性很强的应用性学科；同时作为专业学科也涵盖了众多基础学科和边缘学科，以至于很难用简短的文字，清晰、完整地表达它所涉及的所有学科领域概念和发展历史。景观学又常被译为景观建筑学（Landscape Architecture），其实它是一门与建筑学（Architecture）、城市规划学（Urban Planning）并列，而不是从属的学科，虽然容易给人造成的印象它是建筑学的一部分，或是建筑学一门新的分支学科。尽管景观现象的构成，建筑在其中起了重要的作用，但它在专业起源、学科内容以及研究领域等诸多方面都不是建筑学所能包涵的。另一方面，通常被认为与之相近的传统园林学也因为其相对狭窄的学科领域，而并不能完全与之对应。因此，目前国人对这门尚属陌生、边界并很不清晰的学科有着不同的解读和理解，从而衍生出对这一学科的内涵与外延不同的理解。这些学科内涵与外延理解上的差异也同样反映在各专业院校相关专业课程的设置上：各院校在景观设计专业的课程设置上，有的沿袭了原有园林专业的课程，侧重于传统园林景观营造及城市公园设计等的微观层面上；有的参照发达国家，尤其是美国等高校中景观学科的特点，将专业教学的重点置于国土规划与生态景观保护与开发的宏观层面上。本丛书希望从历史沿革及中国景观专业发展现状的角度出发，对景观艺术的学科内涵做一种较宽泛的解读，并希望能以更大的包容性来容纳这个学科的历史沿革、现有状况及未来发展的可能性。

　　作为设计学科之一，景观设计专业尚属新兴，可是它在每个国家都有着其古老历史和前身。人类的文明史，尤其是生存环境演变的历史，其实也是一门与景观艺术结缘的历史。作为人类生存环境的一种艺术形态，人们对景观艺术有不同的认识方面，因而也有不同的侧重：它可能是偏重自然生态的保护和繁衍；也可能偏重于城市建筑的空间感受；可能是结合历史文化地区的复兴或者农林园艺的美学；也可能被用于旅游经济的开发经营。这就是使景观学所涉及的学科基础变得非常庞杂的原因。事实上，景观艺术的历史也是一门与其他文明形态（如建筑、城市规划、园艺等）发展并行的历史，也正是这种丰富的内涵构成了景观艺术的魅力。同样，景观学也正是一门建立在诸多其他学科基础上的综合性学科。

　　本丛书的编纂正是基于这样一个前提之下。本丛书所包括的内容，既有从历史的角度来认识景观设计沿革，如《景观设计史图说》，也有基础知识与概念的入门，如《景观设计入门与提高》；既有从较宏观层面认识景观规划，如《自然景区规划与设计》，也有从微观层面开始进行的设计实践，如《城市居住区景观设计》；同时，丛书中还有一些书目涵盖了这个学科专业教学过程中的各项基础和技能，如《景观植物配置设计》、《景观设计表现与电脑技法》等，在此不一一列举。而本丛书与以往类似专业教材的另一个较大的区别在于：以往教材的编纂大多基于以"专业设计"这样一个大的范围，选择一些通用性强，普遍适用不同层次的课程，而忽略不同课程自身的特点，因而造成内容雷同，缺乏针对性；本丛书特别注重景观设计学科各领域在专业教学上的重点，同时更兼顾到各课程之间知识的系统性和教学进程的合理衔接，因而形成有针对性、系统性的教材体系。

在丛书书目的甄选上，我们参照了中国各大艺术与设计院校景观及环境设计专业的课程设置，并参照了国外著名设计院校相关专业的教学及课程设置方案。在内容的设置上也充分考虑到专业领域内的最新发展，并兼顾社会的需求。丛书涵盖了景观设计专业教学的大部分课程，并形成了相对完整的知识体系和循序渐进的教学梯度，能够适应大多数高校相关专业的教学。丛书在编纂上以课程教学过程为主导，以文字论述该课程的完整内容，同时突出课程的知识重点及专业的系统性，并在编排上辅以大量的示范图例、实际案例、参考图表及最新优秀作品鉴赏等内容，能够满足各高等院校环境设计学科景观设计专业教学的需求，同时也期望对众多的设计人员、初学者及设计爱好者有启发和参考作用。

本丛书的组织和编写得到了化学工业出版社的倾力相助。希望我们的共同努力能够为中国设计铺就坚实的基础，并达到更高的专业水准。

21世纪的中国，城市化进程迅猛，景观营造日新月异，设计学科任重道远，谨此纪为自勉。

朱 淳
2015年5月于上海

目录
contents

第 1 章　绪　论

1.1　价值与意义

随着中国城市化进程的快速推进，城市建设的规模和内容也在不断地发生变化。人们对优美的城市环境和丰富、多样的城市文化寄予越来越高的期望。城市管理部门、设计单位和建设单位对于城市景观建设的整体认识水平也逐步提高，景观环境的质量也在不断提升。广场雕塑、环境装置以及装饰性建筑、构筑物、景观小品等内容，在城市景观的整体中的重要性日益凸显。目前，从总体上说，大多数城市的公共艺术、景观小品的运用尚未作为景观建设核心的组成部分。许多设计和建设单位仅仅把它们当作最终的点缀和若干区域的填充。这使得大批城市公共艺术作品和景观构筑物在艺术水准和环境功能方面未能发挥应有的作用。随着对城市环境建设质量的要求不断提升，公共艺术与景观构筑物的需求和重要性也得到不断扩大和加强。而对当代城市景观环境背景下的公共艺术和构筑物设计也成为许多设计院校中环境设计专业的一门必修课程。本书的宗旨是以城市景观学科总体框架作为依据，将公共艺术作品和景观构筑物纳入其中进行研究，并对公共艺术和景观构筑物的起源、发展、概念以及类型与特征、创作理论与方法、作品与环境的关系、设计创作程序等相关内容进行较为深入的研究和分析，从整体的和

图 1-1　《印章》（Free Stamp）
　　美国当代著名波普艺术家克莱斯·奥登伯格（Claes Oldenburg）的公共艺术作品，2008，美国俄亥俄州克利夫兰市中心湖滨大道旁

系统的角度，理解公共艺术在城市景观环境中的定位和价值，从而得到正确的设计思路与方法，为景观设计专业学生及相关从业者提供有关城市公共艺术与景观构筑物创作设计的指导教程。

当今中国，城市环境建设目标已开始确立为大众营造一个尊重当地文化传统，符合现代生活方式的，优美且富有文化内涵的宜居城市，从而实现提高人们生活环境品质的目标。由于我国正处在城市高速发展的前提下，许多设计思想和设计方法不可能在如此短暂的时期内完成整体的、全方位的转化，建立完美的、新的规划设计和建设系统，所以对于传统的借鉴和外来模式的运用一定会在较长时间内经历探索、研究、扬弃的过程，直至在这些具体研究和实践工作的基础上逐步形成与我们发展相适应的完备的设计体系。当然，在这些年的快速发展过程中，我们的探索研究转换频率非常高，即使是在未来产生新的较为完善的建设体系后，这个体系也会伴随人类发展、城市建设的新的需求而发展，其区别只是在于，当未来成熟体系建立之后所呈现的发展变化会是渐进和舒缓的。

城市景观正在逐渐融入社会生活，或者说现代社会就是景观社会，不仅是因为城市景观已经渗透到社会生活的各个方面：城市文化通过街道建筑、城市设施、公园绿地、景观小品及户外媒体等体现出来；同时，它们也在不知不觉中影响、改变着人们的生活方式。人们走出了家门，街道广场、花园绿地、步行街区等户外开放空间就像一个个客厅容纳着人们的社交、聚会、休闲、娱乐等活动，城市成为了人们更大的一个"家"。如果把景观环境与人的发展联系在一起，它能够从侧面反映出一个城市的精神风貌；它也能够反映出城市的环境是否适宜人的生活，能够反映出人们的文化生活是否丰富，也能综合地表现出人们的生存状态。

图1-2　《图腾》（Totem）
　　杰弗里·德雷克·布罗克曼，2012，
位于澳大利亚珀斯外竞技场

图1-3　法国里昂的城市标志字体雕像
　　里昂的法语是LYON，也是"狮子"的
意思

美国建筑师埃罗·沙里宁（Eero Saarinen，1910～1961）有一条经典语录：“给我看你的城市，我便能说出你的人民在精神上追求什么！”城市是人们生活、生产的地方，城市的景观环境无疑反映着城市人的综合处境。对于艺术性和公共生活的追求反映出一座城市发展的水平。公共艺术与景观构筑物作为城市景观的重要载体之一，是城市发展到一定程度的表现，与人们开始追求精神、综合素质和生存状态的提高相吻合，同时也反映了社会对于人的塑造与引导。公共艺术和景观构筑物是人类的精神与文化通过物质方式在现实生活中的具体体现。它们的出现充分体现了城市环境下现代社会的人文关怀。

公共艺术和景观构筑物作为城市精神的养料、社会福利的补偿，具有把美还原给社会的重要意义。它们就像装点城市客厅的饰品或象征物，在愉悦着城市主人的同时，也给过往城市的游客留下深刻的印象。公共艺术关注人类的生存状况，要求人们对现实进行思考与批判，质疑与反思，所以公共艺术在景观范畴中具有不断提示景观设计目标、创作思路、设计方法需紧跟社会发展的需求和变化的作用，促使景观的发展符合人类发展的要求。与此同时，在美化城市环境，推进城市兴盛，增添城市活力，丰富市民日常生活，提升城市品牌等各方面都起到至关重要的作用。它们是一种符号，以或丰富、或轻松、或深刻的语言方式传递着信息；是一种媒介，连接着人与事物、事物与事物以及人与人之间的关系；是一种化学催化剂，促使城市中各元素之间的反应尽快达到平衡。特别是那些经历过时光检验的经典作品，能够唤起人们深层的情感，加深人们对城市的认可度与归属感，对人的精神发展具有深刻的意义。

图1-4　《小行星》（Asteroids）
　　里克·费梅，2001，位于澳大利亚珀斯 Nedlands 的环岛大道和百老汇

图1-5　《妇女桌》（The Women's Table）
　　林璎，1993，美国耶鲁大学校园内的作品，这件作品最初目的为纪念耶鲁男女同校（co-education）20周年，后来扩大范围，献给耶鲁所有的女性

图1-6　《城市中的人》（People in the City）
　　安妮·尼尔，1999，位于澳大利亚珀斯

图1-7　《平衡的工具》
　　克莱斯·奥登伯格（Claes
Oldenburg），位于德国维特拉设计博物馆

公共艺术与景观构筑物承载着城市的文化历史，强化了物性的作用，它以"借物抒情，借物说事"的方式来传播思想观念，充分体现了中国自古以来崇尚"人与自然和谐相处"的思想内涵。在全球化发展的背景下，多元文化的交融碰撞中，城市公共艺术与景观构筑物犹如一面多棱镜，折射出城市生活中关于经济、文化、社会、生态、道德和美学等多方面的问题，更引发了人类在新文明生存状态下对文化历史、社会现象、生活方式、居住状态等问题的新思考，并期待着人们回到城市环境、公共空间领域中去寻找到解决方法。

在这样的互动过程中，人们的审美能力也开始发生变化，那些以往人们觉得突兀的事物，现在能够适应和理解了，过去觉得难以接受的新艺术、新事物，如今也可能在自己家的装饰上发现了。人们开始重视自己的生活品质，追求更加安全、舒适、优美的居住环境。这是因为人们的观察方式和审美习惯也正在发生着改变，这是一种潜移默化的变化，而城市公共艺术的不断介入与景观环境不断更新，正是推动这种变化的强大力量，让审美与艺术源源不断地渗透进去，变成人们生活中不可或缺的一部分，尽可能艺术性地营造城市景观环境成为我们的当务之急。

由于公共艺术的主要形式和观念产生于西方，在中国的引入和发展时期并不长，不仅对于初学者，而且对于一些从事城市景观环境设计的设计者和创作者来说，都很难说能够深刻地理解公共艺术产生、发展，以及与大众复杂多元的关系公共艺术作为一种外来的艺术形式，在进入中国的早期从形式上对于大众来说是无法解读的新事物。尽管经过这些年来的发展，公众在形式上主动地或被动地接纳了这种方式，但是城市公共艺术的创作与中国正在探索中的城市规划、城市设计、建筑及景观的特色性建设一样，尚处于一个探索的阶段，至于公共艺术的形式如何符合中国民众在精神上、审美上、功能上需求等这类问题在学术界还有很多空白。

事实上，我们非常需要深入研究中国传统生活习惯，包括传统城市、建筑、人际交往习惯等，并将其融入中国的城市化建设中，构建起新型的、符

图1-8　《插页》（Centrefold）
　　马克·格雷·史密斯（Mark Grey
Smith），位于澳大利亚珀斯

图1-9　纽约街头的喷泉

合世界发展潮流，同时保留中国人的传统文化、生活习俗、情感方式的城市文化体系。只有在这样的体系中我们才能构建符合中国特色的、能和谐相融于城市环境的公共艺术作品，建设符合大众需求、符合城市环境需求的公共环境。

1.2 思路与方法

本书由理论阐述、创作方法与实践案例三个部分组成。

理论部分，阐述公共艺术等的基本概念、产生与发展，内涵与外延，以及它们在不同文化和时代背景下、在国外及中国的发展状况。综合分析现代社会背景下公共艺术与景观构筑物对城市景观、社会环境及人类发展所产生的重要意义与影响。

方法部分，以其表现方式的不同，对公共艺术等作品进行分类，并深入分析其性质、特点和未来发展趋势；从创作与设计的角度，深入分析城市公共空间在尺度、造型、建筑环境以及人的活动等方面与公共艺术和景观构筑物之间的相互关系，诠释了它们客观存在方式，从而构建起基本的创作思路与方法。

案例部分，通过列举各种典型的公共艺术与景观构筑物的作品，呈现出多样化的艺术风格，是为了启发艺术创作灵感和拓展设计思路，鼓励探索更多的新可能性，同时也为创作和设计设定基本的原则。

本书还从实践的角度，总结、归纳出创作与设计的基本程序与步骤，并结合实际案例分析创作、设计的构思与表达方法。呈现出作品从创作设计，到制作、施工及安装等过程，并对优秀的作品加以分析与鉴赏。

我们从艺术视角来看待城市景观环境的营造，又从景观角度来解读城市公共艺术，目的是期望在景观设计与造型艺术之间架起一座桥梁，在城市生活环境品质改善的同时，提升人们的艺术修养与审美情趣。并通过对大量国内外案例的研究分析，引领读者观察当今世界公共艺术和景观构筑物的发展

图 1-10 《大躯干：拱门》（Large Torso: Arch）
英国画家亨利·摩尔（Henry Spencer Moore）的公共艺术作品，1963，位于美国斯坦福大学校园内

图 1-11 《如意》（SMUG）
托尼·史密斯（TonySmith），位于美国华盛顿波多马克河的格兰斯通（Glenstone）美术馆外

现状，以结合中国发展的实际情况，发现新思路与新方向。

城市公共空间是公共艺术和景观构筑物设计的主要存在空间和背景，因此这样的艺术设计实践并不仅仅是艺术家个人观念的展现，而是以大众为主要服务对象，艺术家与设计师通过创造性的劳动，以艺术化的作品呈现在城市环境中。其创作团队通常是不确定的，可能是艺术家、建筑师，抑或是雕塑家、景观设计师，他们作为不同角色，以不同方式共同合作。这样的学科交叉和多领域的合作也与其发展的要求是相一致的。因此，我们力求构建相对完整的理论体系基础，为来自各个学科、不同领域的读者提供一份入门的导览，便于日后进一步学习与更深入的研究。同时，我们也在实际操作的层面上，对设计和创作中所涉及的现实问题进行综合分析与探讨，提出基本的

图1-12、图1-13 《水帘面纱》
法国建筑师路易斯·斯卡德，埃米尔和工匠托尔斯滕·菲舍尔（Louis Sicard, Emil Yusta, Thorsten Fischer）；位于法国中部桑西森林地区；这座装置是为庆祝"2014年视野桑西艺术和自然节"（Horizons Sancy Art and Nature Festival）而特别建造

思考延伸：
1. 城市公共艺术对人们日常生活的意义何在？
2. 发展城市公共艺术专业学科的价值是什么？

第2章 城市公共艺术的定义与沿革

2.1 作为环境艺术的城市公共艺术

"公共艺术"除了具有特殊的艺术价值外，更重要的文化价值在于它的"公共性"。其文化价值的核心包含以艺术的介入改变公众价值、以艺术为媒介建构或反省人与环境的关系等，它不仅超越物质符号本体、提供隐秘的教化功能，关键是由人、艺术作品、环境、时间的综合感知，批判、质疑或提出新的文化价值与思考。公共艺术可谓是一种手段，那就是实践并形象化地通过这种手段去呈现艺术本体的根本内涵。

广义上的"公共艺术"，指私人、机构空间之外的一切艺术创作与环境美化活动；狭义的"公共艺术"，指设置在城市公共空间中能符合大众审美和视觉艺术作品。

公共艺术不是一种艺术形式，也不是一种统一的流派风格；它是存在于公共空间的艺术，在当代意义上与社会公众发生关系的一种方式。公共艺术应该只属于以视觉空间方式存在的造型艺术的一部分，它实际上是"公共的造型艺术"的缩写或缩略语。它是以实体方式长久存在，以诉诸于社会公众或未来的公众并以赢得公众的长久关注为目的的艺术作品。

图2-1 《风神－风声亭》（Aeolus-Acoustic Wind Pavilion）

英国艺术家卢克·杰拉姆（Luke Jerram）（1974～）设计的一个巨大的金属有声雕塑，以希腊神话中的统治者的名字而命名，矗立在伦敦的金丝雀码头

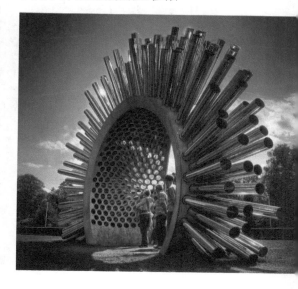

图 2-2　《羽毛球》（Badminton）
克莱斯·奥登伯格（Claes Oldenburg），位于美国肯萨斯城纳尔逊，阿特金斯艺术博物馆前，1994

从这个概念的内涵上讲，它更多地与传统意义上的城市雕塑和公共空间的文化界定紧密相关；从这个概念的外延上讲，它又与城市设计、景观设计、城市生态环境建设、城市风貌的特征以及城市建筑、城市规划紧密相连。过分狭义化不能涵盖这个概念的当代意义，从而背离这个概念的鲜活的当代城市建设的实践特征；而过分宽泛，又会流于无边无际，最后的结果是城市公共空间的任何设计行为都成了公共艺术。

公共艺术作为城市风貌的重要组成部分，其目的在于改善城市环境提升城市整体形象，充实人们精神提高人们的生活质量。它是城市设计的延伸和具体化，是深化的环境设计，是城市文化的重要语言和要素。

作为环境艺术的公共艺术作品最重要的特征是其所具有的"公共性"。主要体现于以下几点：第一，城市公共艺术作品是现代社会的产物，是历史发展到某一特定阶段的产物；第二，城市公共艺术作品服务于市民大众。公共艺术作品是大众的艺术，需要被大众广泛关注和普遍认可；第三，城市公共艺术作品设置于城市公共开放空间，相对于其他艺术可能存在于私密、封闭的私人空间，它存在的空间是开放的；对于时间形式而言，它存在于不断变动的历史认可过程中；第四，公共艺术包含了一种公开对话、理性交往、构建共同精神的意义与内涵。

图 2-3　《芝加哥的毕加索》
位于美国芝加哥市政府广场，1967，标志着芝加哥现代艺术的开端雕塑所在的戴利广场早已成为芝加哥人熟知的聚会地点，在不同季节和时间，这里总有音乐表演、农产品市集和其他活动举行

2.2　景观构筑物的定义

景观构筑物指在城市景观中，由设计师设计的，能够与环境协调统一，具有特定的实际功能，并具有审美特征和一定文化内涵的非建筑构造物。景观构筑物也属于城市环境艺术的一部分，或认为它是公共艺术作品中的一种表现形式。它的形式是多种多样的，可以是户外与景观相连的媒介，也可以是景观中具有一定实际功能的构筑物。它强调在满足一定的城市公共功能（如引导指示、限定公共空间边界、为公众提供憩息、健身或其他户外活动）的同时，以其明显的审美特征来营造优美的环境氛围。在城市景观中具有功能性、观赏性和艺术性的景观小品都可称之为"景观构筑物"。

景观构筑物能否被称为公共艺术作品是由其艺术性和思想内涵所决定的，而在实际的城市设计或建设中，这两者的界限往往不是很清晰，所以我们也采用这种宽泛的分类方式来对待。一般而言，凡具有明显的创作主题、鲜明独特的艺术风格和明确的思想内容的作品，往往被视为"公共艺术作品"；反之，上述特点不是很明显，而更多是承担其实际的城市实用功能或仅能被人感受到视觉美感，且规模与体量有限的对象，则往往被称为"景观小品"或"景观构筑物"。

公共艺术和景观构筑物在研究和创作方法、创作内容、表现形式、营造技术、材料以及对城市公共空间的作用等方面既有共通之处，也有不同方面。城市公共艺术作品和景观构筑物都具有美化空间环境、提高市民审美能力、组织空间关系、促进沟通交流、体现城市精神、代表城市形象、传播地域文化，促进文化繁荣、增加城市活力、提升经济活力并反映时代思想等作用。在本书中我们将其一并研究，再有所区别。

图 2-4　波特兰演讲堂前庭广场
　　混凝土巨石瀑布墙极具雕塑感，无水的时候形似错落布置的雕塑墙，颇有美国西部自然山地的味道

图 2-5　波特兰演讲堂前庭广场

2.3　传统景观中的构筑物

中国古典园林建筑中的景观构筑物是指那些体量轻巧、造型精美，具有功能性、装饰性和艺术性的构造物，其造型不易随季节变化而改变，可以长久设置于庭院景观之中。尽管其体量小巧，也具备可进入的内部空间，但在造型和空间处理上需经过一番细心雕琢和推敲，才能使其充分融入整个园林所营造的氛围中。园林景观构筑物主要包括奇峰假山、经幢石灯、景墙花窗、花坛坐坎、庭院雕塑等，以点缀和装饰园林环境为主，凸显自然与人文意境。与园林主体建筑相比，其在空间上虽不处于重要位置，但若布局合理，配置得当，则能起画龙点睛的作用。

假山以人工方法堆山叠石而成，它是园林中体量最大、用途最广、造园必备的构筑物，一方面增添园林空间层次上高低错落、虚实对比、移步异景的变化，另一方面为游人更好地欣赏园林景致提供不同的视点。"人在其中必然会时而登高，时而就低。登临高处时，不仅视野开阔，而且由于自上向下看，所摄取的图像即为鸟瞰角度或者俯视角度。反之自低处向上看，则常可使人感到巍峨壮观，这时所摄取的图像即为仰视角度。"中国古典园林中的掇山手法层出不穷，从石材选择到堆叠、整个过程都以自然景象为参照，加以提炼，因此我们也常能见到搭配种植的树木花草与假山形成极其自然的关系，仿佛原来就生长在其中。

图2-6　苏州环秀山庄
　　环秀山庄因假山得名，园内湖石假山为中国之最，此山为清代著名叠山大师戈裕良所作

中国古典园林的设计者以士大夫与文人雅士为主，透漏出浓厚的人文气息，可以说是他们把中国古典人文绘画与诗歌的意境都融入造园手法之中，因此，园林中的任何景致看起来都是富有诗意、富有寓意的。庭院中的雕塑小品、景墙花窗和经幢石灯等物，还包括各种反映自然景观的"盆景"艺术作品，自然也是极具观赏性与文化性的。它们一般体量小巧，主题丰富，有人物、动物、植物形象，也有抽象几何形象的，一般象征着长寿多福、出入平安、健康幸福等吉祥寓意。置身于这样的景致之中，也能为游赏的人们增添更多趣味与赏玩的韵味，让庭院具有美化心灵、陶冶情操、提升艺术品味的功能。

与此同时，中国古代城市中的景观小品在中国古代绘画作品中也可以看到些许，比如描绘街道的绘画中有府邸门头、抱鼓石、下马石等建筑附件，以及谤木华表、凉亭戏台、望火楼、牌坊之类的具有建筑性质的景观构筑物。尽管中国古典园林艺术享誉世界，但由于中国近代工业化起步慢，经济落后，城市发展受到限制，使得景观构筑物的发展仍然落后于西方国家。而私家园林的造园技艺因其长时间内一直属于权贵专享的奢侈品，其造园技艺并未被推广运用于城市景观的建设中。

包括"盆景"艺术在内的中国古典园林的精髓，在异国他乡的日本却得到了传承与发展，并广泛运用于园林庭院及公园的造景艺术之中。其中，"枯山水"园林就是一个典型，它一定程度上是禅宗哲学在造园艺术中的反

图 2-7　天安门广场上的谤木华表

图 2-8　上海豫园玉玲珑

图 2-9　石狮子

图 2-10　英国巨石阵
　　耸立在英国威尔特郡索尔兹伯里平原上的史前"巨石阵"距今 4300 年，由一系列的同心圆形状的石碑圈组成，圆形柱上架着楣石，构成奇特的柱盘顶

映，表达了人们对大自然的敬畏以及"自然即美"的思想。细细耙制的白砂石铺地、叠放有致的几尊石组，一般多选用未雕刻加工过的岩石组成石组，用石块象征山峦，石砂代表着幻化的大海。枯山水作为景观的一种形式是日本人对自然的崇拜及风土文化的体现，也是禅宗思想的物化，同时也体现出了宗教思想与固有文化融合的结果。

　　欧洲文化史上记载的大量"巨石建筑"（见图2-10）是原始人类的宗教崇拜物，也被认为是西方国家传统景观构筑物的雏形。古希腊城邦建设中，人们已经开始运用水渠、柱廊、雕塑、喷泉、花坛等各种构筑物进行人文景观的营造，这个阶段的构筑物主要体现权力性和等级性，具有理性、完美的特征。古罗马时期的城市建设与景观建筑在发展上则有更多重大突破，在皇室园林建造上，值得一提的是哈德良山庄（Hadrian Villa）（见图2-11）。除了御用的建筑外，还运用到柱廊、雕塑、精致的水池、温泉、花架、亭子等园林景观构筑物。然而城市景观小品真正的开端是18世纪巴黎的皇家园林，凯旋门、纪念碑、灯柱、喷水池等大大小小景观构筑物配合广场、街道和古典建筑共同构成一系列完整的城市景观系统。

　　时至今日，在走访欧洲各个城市的时候，除了能够欣赏到这些标志性建筑景观构筑物之外，还可以看到各种各样颇具特色的喷泉、花坛、路标、长凳、街灯等各种景观构筑物。可以看出，它们都是经过精心设计的，在让人感受到极大便利与舒适的同时，更能体会到蕴藏在其中深厚的文化底蕴，以及通过整个城市景观的完整性与协调性所传递出现代的、文明的城市品质。

图 2-11　古罗马的哈德良山庄

2.4　公共艺术的产生与成就

城市发展自身的需求成就了城市公共艺术产生的宏观背景。城市公共艺术是城市成熟的表现，城市公共艺术作品的产生与城市的发展紧密联系。20世纪西方国家，在现代建筑国际会议上提出的《雅典宪章》（1933年）和《马丘比丘宪章》（1977年）表达了西方国家对于城市发展建设的理念和原则。它们指出城市是作为活动交流、联结的空间，而不仅仅是解决人们的居住问题；环境应该保持连续性，城市、建筑、园林绿化统一协调；历史遗址、古建筑需要与城市的建设过程综合起来考虑；需注重对地方特色与传统挖掘，创造既统一又独具特色的城市等。它们把城市看作综合文化的社会实践，在城市发展上达成了一种国际共识，即城市环境应该由生态环境和人文环境以及历史遗产保护共同构建而成。在这种城市建设先导的观念下，逐步形成了公共艺术在城市中的社会职能，为公共艺术的产生提供了现实条件。

现代意义上的"公共艺术"源自于美国，20世纪50年代美国兴起的公共艺术前奏曲，可以说是始于罗斯福的"新政"时代。正如罗斯福在一次竞选演讲中所宣称的："吾国的心声与灵魂永远是平凡人的心声与灵魂。"在1933~1934年间，一方面是推动艺术与强势经济携手并进，共同创造美国独特的文化，美国政府雇佣了上万名艺术工作者。"他们生产出数量惊人的作品：10万幅绘画，18000件雕刻，13000件版画，超过4000件壁画，这些还不包括海报和摄影作品。这个过程中他们创造了一种足堪表现时代的理念——不论实践与否——的公共艺术。"

艺术与社会生活紧密联系让艺术品从"奢侈品"转变为"公共的"艺术品。美国人逐渐发现自己在艺术上已有一席之地，尽管那个时期的作品良莠不齐，但题材都是朴素、人性、日常生活中的事物，人们能够参与艺术作品的讨论，整个艺术实践的过程与社会生活紧密相连，这种变化使得艺术能够在人们日常生活中得到发展。

图 2-12　《自由女神像》（Liberty Enlightening The World）
　　法国著名雕塑家弗雷德里克·奥古斯特·巴托尔迪，在巴黎设计并制作，是法国在 1876 年赠送给美国的独立 100 周年礼物。于 1886 年 10 月 28 日，矗立在美国纽约市海港内的自由岛的哈德逊河口附近，被誉为美国的象征

图 2-13　《转动的轮子》
　　琳达·博蒙特（Linda Beaumont），西雅图塔科玛机场，2012，作品由 91 个高达 6ft（1ft=0.3048m，下同）的圆形钢盘依次排开组成一道绵延 600ft 的长栅栏，将广场外的机场穿梭巴士等候区与后面的停车场区隔开来，给往来的旅客留下深刻印象

图 2-14　《包裹岛屿》
　　克里斯托和珍妮·克劳德，位于美国芝加哥市政府广场，1967

图2-16 《开放图书馆》
　　迈克尔·克莱格和马丁·古特曼（Michael Clegg
和 Martin Guttmann），位于德国汉堡，1991～1993

图2-17 《弓箭手》
　　亨利·摩尔（Henry Spencer Moore），位于加
拿大多伦多市政厅弥敦菲腊广场（Toronto City Hall
Nathan Phillips Square），1964～1965

图2-15 《社区精神》
　　安德鲁·凯，1999，贝尔蒙
特文娱中心

正是在这个时期形成的美国公共事业促进局的联邦艺术计划［Works Progress（Later Projects）Administration / Federal Art Project］后来便转化成了美国的总服务处（General Service Administration）的"建筑艺术"计划（Art in Architecture）与"国家艺术基金"（National Endowment for the Arts），而国家艺术基金1965年直接以赞助公共艺术为主，作为艺术家在公共空间进行艺术作品创建的资金。

尽管这个时期的大多数公共艺术作品在表现形式上仍然是以城市雕塑、建筑装饰等为主，但是时代所赋予公共艺术的意义和内涵却是雕塑、建筑或其他形式的艺术所无法涵盖的，因为它们并不涉及"公共领域"、"公共性"的意义。因此，"公共艺术"作为一种独特的，以构筑物为主，体现人类精神和历史文化的物化形态，真正登上了历史的舞台。

德国哲学家哈贝马斯（Jürgen Habermas，1929～　）在提出"公共领域"概念时，对"公共"、"公共性"及"公共领域"所进行的一系列理论阐述，同样也为"公共艺术"的产生奠定了理论基础。哈贝马斯为公共领域的概念和公共精神的发生做了历史性的描述与讨论，他的研究表明，"公共"或"公共的"这个词的运用是相当晚近的事情。英国17世纪开始使用这个词，此时，"公共"的一般替代词是"世界"或"人类"。法语中"公

关注：
　　城市公共艺术的产生必然涉及城市公共空间，在分析和创作公共艺术作品的时候必须考虑作品在特定空间和时间中的定位。同时，公共艺术作品的实现也将改变所在地点的景观和面貌，并对经常欣赏到它的人们有多层次的重要意义。相较于艺术创作它更接近于设计，是为了实现和满足人们生活需求的艺术设计。

图 2-18　《Heureka》
　　尚·丁格力（Jean Tinguely），2013

图2-19 《掘金热》
汤姆·奥特尼斯(Tom Otterness)，主要描述美国早期的西部掘金热潮，位于美国加州首府萨克拉门托联邦法庭，1999

图2-20 《Nike SNEAKERBALL》
纽约艺术家 Shane Griffin 与 Nike 设计师 Colin Cornwell 通力合作，为庆祝一年一度在西班牙马德里西北莱斯广场举办的 Sneakerball 嘉年华活动，作为活动欢迎入口的中心展品，2014

图2-21 法国里昂街头路易十四雕像

共"一词最早用来描述"公众"的。18世纪的德国，"公众"一词，一般指"阅读世界"。哈贝马斯在这个词的语义和文化考察中提出，无论它指的是哪一种公众，都是在"进行批判"。公众范围内的公断便具有"公共性"而批判本身则表现为"公众舆论"。

哈贝马斯著作《公共领域的结构转型》中提出："公共"一词在使用过程中出现了许多不同的意思。它们源自不同的历史阶段，在一同运用到建立在工业进步和社会福利国家基础之上的市民社会关系当中时，互相之间的联系变得模糊起来。同样是这些社会关系，一方面反对传统用法，另一方面又要求把它作为术语加以使用。也就是说不同时代和不同地方的"公共"是有差别的，不同社会意识形态下的"公共"又具有其各自的特点。它表明了公共艺术的内涵是历史性、变动性和多义性的。

哲学家汉娜·阿伦特（Hannah Arendt，1906～1975）指出"公共性"不是公共空间中的一件随便放置的什么东西，它应该是在公共场合中为每个人所看见和听见的，就像一张桌子围着很多人一样。作为公共的"世界本身"是所居住于其中的人们所共同拥有的，而不是特殊于某个人的或极少数人的。这样的解析，使得公共艺术具有了更广泛的人文关怀，而公共艺术的可延续性，则取决于它能够被来自世界各地的不同文化背景以及不同时代的人群所欣赏和接受。

与此同时，20世纪60年代后现代主义的艺术革命，为公共艺术的产生与发展推波助澜。艺术从晦涩难懂的高雅殿堂步入了社会和人们的现实生活中，艺术家开始关注人类与自然的关系、人类生存空间、弱势群体的保护、种族与文化的冲突等具有人类生存现实意义的问题，深受超写实主义、观念艺术、装置艺术、大地艺术等艺术的影响，公共艺术的表现形态展现出多元化、多样性、科技化的趋势。

现代意义上的"公共艺术"概念的存在仅有50～60年的历史，但公共艺术的精神或者在城市空间中具有公共性的构筑物却有着漫长的历史。人类为了获得更美好的生活而创造城市，城市聚集着人们的渴望，也承载着人们的梦想，公共艺术作品是这类梦想与渴望的一种载体。公共艺术关注于人文环境，在完善城市空间的文化内涵过程中，它的作用类似于催化剂，目的是为了引起城市开放、交流、共享的化学反应。在纷繁复杂的城市环境中，公共艺术文化标识的意义还具有精神导向性，它以一种隐秘的方式引导和启迪人们，公共艺术是最接近于设计的一种艺术，因为它的存在离不开公众，同时又是最具有影响力的艺术表现形式。

图 2-22、图 2-23　《娜娜系列作品》
妮基·圣法尔（Niki de Saint Phalle），1930～2002，公共艺术作品

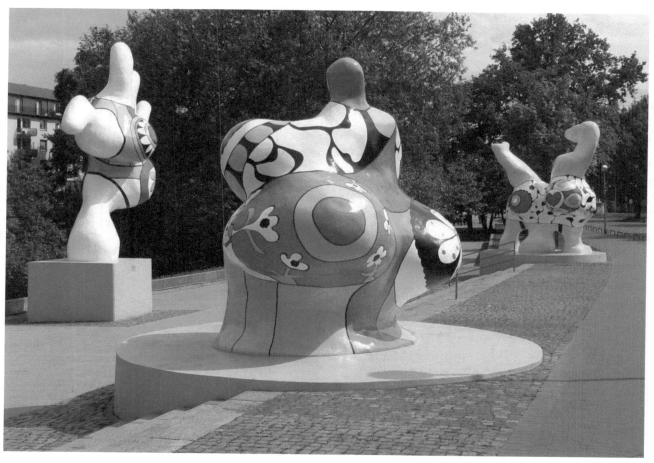

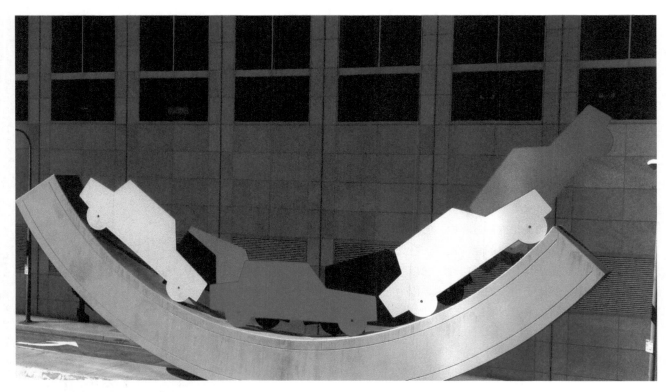

图 2-24 《市区摇椅》
　　美国艺术家劳埃德·汉姆罗尔（Lloyd Hamrol），位于美国洛杉矶，1986。作品表现了设计师对汽车文化的致敬

图 2-25 《一群时尚达人》
　　新加坡百利宫商场入口雕塑

图 2-26　《勒阿弗尔》(Havre)
　　加拿大艺术家琳达·科威特（Linda Covit），2015，位于加拿大蒙特利尔的麦吉尔大学健康中心（MUHC）

2.5　现代景观设计中的景观构筑物

　　现代景观设计较传统景观设计在各个方面都得到了巨大发展，其本身的内涵与内容也发生了根本变化。其中最主要的特征是从私人空间拓展到城市公共开放空间，几乎涵盖城市内除了建筑之外的其余部分，包括城市公园、旅游景区、居住区绿地、商业景观、滨河绿地、建筑间的缓冲带等，从为少数人专享的"奢侈品"转变为大众共享的"生活必备品"，这样的转变使得现代景观成为现代城市的象征。

　　城市景观的形成与人的经验密不可分，景观意向在人们的印象和记忆中得以传承，因为人的存在而富有意义。现代人对于景观的期望已经超越了视觉审美，转为对景观全方位体验性的追求。比如海湾的景观设计需要结合人们散步、钓鱼、抓蟹、餐饮以及各种沙滩运动等休闲娱乐活动，商业广场则结合人们的购物习惯、交通、停留、休息进行景观设计。同时，人们的活动也成为城市景观中不可或缺的组成部分。正是因为不同的人群、不同的生活习俗、不同的文化历史和不同的自然条件，才使得每座城市拥有自己独特的景观特征。

　　景观构筑物或景观小品作为现代城市景观中的细节部分和基本元素，其类型得到极大的丰富，功能得到极大的扩展，不仅具有使用功能，还具有安全防护、美化环境、信息传达、休闲娱乐等功能。常见的景观构筑物包括：居住区内的景观墙、喷水池、儿童游戏设施、凉亭藤架、装饰雕塑等；街道环境中的候车亭、电话亭、分隔栏、停车架、围栏、座椅等；视觉导视和展示用途的标识牌、导示牌、电子显示屏、街钟等；旅游景区和公园绿地的入口大门、售票厅、休息平台、遮阳雨篷、树池花坛、小桥汀步等，以及为人

图 2-27　《贝多芬》
　　德国艺术家克劳斯·凯马瑞克（Klaus Kammerichs）以贝多芬经典肖像为创作原型，利用混凝土片状结构膜模仿原画的高光、阴影及笔触组构而成，是波恩的著名标志物

图2-28 哈佛大学的泰纳喷泉

们提供休闲娱乐的构筑物。各种各样的景观构筑物在丰富城市景观的同时，更为人们日常生活提供了许多便利，增添了不少乐趣，满足了人们对于环境安全、健康、审美、舒适的要求，综合体现了社会生活和文化品质。

在现代景观设计中的景观构筑物的发展呈现出以下几大趋势：第一是结合新兴材料和新技术的运用；第二是凸显地域历史文化特色；第三是符合现代人游憩活动需求；第四是艺术性与功能性的结合；第五是融入绿色生态设计理念；第六是与周边环境协调统一。

同时，由于后现代主义思潮的影响，其设计手法与表现形式呈现出多元化、多样化的特征。既具有象征性、表现性和抽象性的特点，也有调侃、游戏、玩笑的色彩，整体呈现出丰富多彩的局面。从文化角度来看，无论是复古还是创新，它都更接近于平民化，大部分设计作品与人们日常生活紧密相连，注重更广泛的人性化、寻求文化内涵，反对多余装饰和功能主义，以及具有高度的理性化和国际视野，这些特点都使得后现代主义的景观小品更能为大众所认可和接受。

彼得·沃克（Peter Walker，1932～）设计的泰纳喷泉是极简主义在现代景观构筑物中的代表作（见图2-28）。1979年，沃克在哈佛大学一个步行道交叉口用59块石头排成了一个直径18m的圆形石阵，喷泉设在石阵中央喷雾，它是一个典型的极简主义的景观构筑物。这组构筑物的成功在于它虽是典型的极简主义作品却又避免了一些极简主义的景观小品给人留下的单调、乏味的印象，同时它又是喷泉这一古老景观构筑物的一种新的表现形式。

2.6 在全球的发展概况

公共艺术与景观构筑物在全球的发展主要体现三个层次：一是政府的重视程度以及与城市发展的一致性；二是后现代文化思潮对其观念及创作语言的丰富，形式的变化当然常常源自观念的转变和拓展（图2-29）；三是新兴科技对其表现形式的拓展和促进。总体呈现从更理性、宽广的发展趋势。

图2-29 《飞舞的球瓶》
　　这幅作品是克莱斯·奥登伯格（Claes Oldenburg）为荷兰埃茵霍温市庆祝千禧年设计的，作者在众多球瓶的相对位置上煞费苦心，最后营造出一个极富于动感又具均衡感的布局

图2-30 《我是什么》（Whatami）
　　由罗马建筑事务所stARTT设计并命名的当代艺术装置，由8个单独的小丘所组成的群岛建在一个可移动的草堆上

美国公共艺术与景观构筑物的发展与城市关系日益紧密，城市空间设计是艺术家和设计师要结合他们的作品所必须考虑的因素之一。由于美国政府的重视，在法律和行政方面都制定了相关法案对其进行系统性的管理与实施。1959年，费城成为了美国第一个制定《百分比艺术法令》（Percent of Art Law）的城市。此法令规定，费城市府公共建筑必须有1%的经费预算供艺术品设置。《百分比艺术法令》的出现、独立于联邦政府的国家艺术基金的成立及专事公共艺术项目的公共艺术委员会的设立，都志着美国公共艺术规划日益走向成熟。

20世纪70年代，欧洲也掀起了公共艺术发展高潮。迥异于传统以人物为主的城市雕塑而向现代主义时期以来的雕塑语言和公共艺术方向发展，特别是法国于70年代末提出"艺术在都市中"的城市建设主张，在巴黎拉·德芳斯（La Défense）新城区的建设中，大量地运用现代主义时期的各种样式的雕塑和公共艺术作品，对整个欧洲战后重新定义城市空间、塑造城市文化形象提出了新的价值标准；英国人在伦敦开辟出新区专门用于公共艺术的塑造，为古典的伦敦城注入新鲜血液。

欧洲许多国家，公共艺术成为政府制定政策时不可或缺的关注对象。在法国，政府市政建设预算中必须留出1%用于公共艺术建设；在德国，相关政策只在联邦政府层面作为指导原则；而在奥地利，地方州的财政预算中也

图2-31、图2-32　意大利罗马艺术花园

图2-33　《柏林》
德国著名夫妻雕塑家马丁·玛钦斯基，（Martin Matschinsky，1923~2011）和碧姬·丹宁霍夫（Brigitte Denninghoff，1921~1987），采用抽象的不锈钢圆棒结构，表现其细腻的作品

图2-34　《新加坡之魂》（Singapore Soul）
加泰罗尼亚西班牙艺术家乔玛·帕兰萨（Jaume Plensa），2011，位于新加坡海洋金融中心。作品由汉语、英语、马来语和泰米尔语字母构成

图2-35　《塞莱斯特》（Celeste）
　　瑞士艺术家卡罗尔·博夫（Carol Bove，1971～），位于美国纽约高线公园，2013

为公共艺术留出一席之地，比如下奥地利州就为此拨出1%的地方建设预算款。在荷兰，从19世纪初至今，将艺术融入城市建设已经成为政府的一贯政策。在英国，虽然没有相关方面的强制法规，但是据美国Ixia公司的报告称，2010～2011年度英格兰的公共艺术市场份额已经高达至少5600万英镑。然而，在经历了20年的蓬勃发展后，由于受到经济衰退的影响，公共及私人赞助资金大幅下滑，也使得其发展因此受到限制。

实际上，美国和欧洲国家的城市公共艺术发展已十分发达，科学的工作程序和框架以及对不同层级的城市公共艺术的规划和管理，已形成较为完备的体系。它们结合城市环境和人文背景对公共艺术和城市各类景观小品进行规划，有效的整合和优化使城市文化发展和呈现有序、可持续的状态。一方面，从资源利用的角度来看，是对资源的优化配置，减少多余的开销与浪费。另一方面，可以通过资源的有效规划，为独特的作品找到最合适的展示平台，同时扩大和提高项目的影响力。城市公共艺术规划以城市整体空间发展为视角，结合当地艺术文化背景与需求，进行准确引导，并有效统筹设计与实施过程，确保城市文化形象能够按照既定的发展方向得以实现。

随着后现代主义文化的兴起，艺术表达方式由精英主义转向通俗化语言形式，从而追求一种更有效的表达和交流的方式。公共艺术与景观构筑物逐渐融入城市的空间并大规模发展，随着艺术审美标准发生变化，由原来对单一审美的追求逐步转变为文化观念的表达。设计师与艺术家一方面表现出对于新兴科技的探索，将声、光、动力等各种媒介运用于创作中，另一方面表现出对全球环境、生态资源及人类命运的思考与关注。

在亚洲的日本，我们则可以通过公共艺术与景观构筑物，从另一个角度比较完整地看到东西方的精神文化很多不同特质是如何较为自然地融合在一起。因为对于东方国家而言，公共艺术的概念实际上是一个舶来品，而景观构筑物自古以来却是一直有自身存在的独特方式，这与东西方文化的根源有关，是非常值得我们在发展道路上不断深思的问题。

图2-36　位于意大利Bigarello的一个极简的景观构筑物
　　仅仅是一条大长凳与配置的构筑，便强有力地定义场地

2.7　在我国的产生及现状

20世纪80年代，公共艺术的概念传入我国，从此犹如一场史无前例的现代化变革在我国开展进行着。在城市化程度相对较低的地区，人们比较容易从艺术欣赏或文化现象的角度来诠释公共艺术，仅仅将它看作美化环境的一种方式。而在城市化进程较快、经济相对发达的地区，人们对公共艺术的理解会较多地偏向于社会现代化过程和公共空间福利的角度来理解公共艺术。

我国的"公共艺术"诞生于在改革开放以后，在此之前，它仅仅只是一种"城市雕塑"的概念。而我国的公共艺术是经历了从"雕塑艺术"到"城市雕塑"，再到"公共艺术"这样一个发展过程演变而来。这个发展过程中有两方面的原因促使我国公共艺术的形成。一方面，我国写实性的雕塑在公共空间的非主流地位，促使雕塑家必须拓宽专业视野，重视整合自身的专业资源，大量地从国外的案例中寻找创作方式，特别是与公共空间的多种环境的协调性的多学科的专业协同；另一方面，纯艺术的乌托邦梦想总试图在实践性和市民性、民俗性极强的公共艺术的实践之中寻找着实现的机会。公共艺术发展的前提，一是城市化和城市建设的需求促进；另一方面是改革开放带来的艺术观念的转变。这些因素促成了我国的公共艺术发展。

相比西方国家，城市公共艺术和景观构筑物在我国的发展仍然要落后不少。由于国内一直缺乏有关公共艺术作品方面的专项规划与管理制度，各地城市景观中公共艺术作品造型的彼此模仿、抄袭；另一方面，各种新材料、新涂料争奇斗艳，导致城市景观环境中变得越发混乱无序，作品质量良莠不齐，无法与城市景观环境较好地结合在一起。随着认识的深化，近年来国内一些城市在各个层面上开始重视城市景观和公共艺术的建设和规划问题，但尚未提出具体的措施与方法。当城市公共空间对设计文化越来越重视，景观和公共艺术的重要意义也逐步体现出来，这种介于艺术与科学之间的创造对

图 2-37　我国台湾省国立公共资讯图书馆外的公共艺术作品

图 2-38　《圆荷泻露》
陈志光，漳州国际公共艺术展艺术品

图 2-39　《白日烟火》
　　蔡国强为"九级浪"艺术展开幕所作
的白日焰火

象，不仅拥有它不可替代的社会职能，还拥有巨大的发展空间与前景，需要来自建筑师、规划师、景观设计师和艺术家携手合作，推动城市公共艺术与景观的持续健康发展。

思考延伸：
　　1. 城市公共艺术产生和发展需要具备哪些条件和动力？
　　2. 城市公共艺术与城市景观有怎样的内在联系？
　　3. 我国城市公共艺术的发展有哪些特点？

第3章 现代城市与公共艺术

图 3-1 美国纽约长岛市的野口勇博物馆

3.1 新城市下的公共艺术作品

  城市是公共艺术和景观构筑物的物质存在空间，城市规划思想和理论对公共艺术的发展和变化有着重要的影响。1933年的《雅典宪章》提出了城市功能分区和"以人为本"的思想。但是其功能分区并没有考虑城市居民的人与人之间关系，城市里建筑物形成相对孤立的单元，而否认了人类活动要求流动的、连续的空间这一事实。1977年《马丘比丘宪章》则强调了人与人之间的相互关系对于城市和城市规划的重要性。20世纪90年代初针对郊区无序蔓延带来的城市问题而形成的一个新的城市规划及设计理论——新城市主义（New Urbanism）。它提倡创造和重建丰富多样的、适于步行的、紧凑的、混合使用的社区，对建筑环境进行重新整合，形成完善的都市、城镇、乡村和邻里单元。其核心思想是重视区域规划，强调从区域整体的高度看待和解决问题；以人为中心，强调建成环境的宜人性以及对人类社会生活的支持性；尊重历史与自然，强调规划设计与自然、人文、历史环境的和谐性。

通过对这些城市规划理论的研究就可以发现在区域层面所关注的是整个社会经济活力、社会公平、环境健康等问题；在城镇层面逐步强调邻里街坊的功能多样化，空间使用的紧凑性原则，注重步行空间的营造等问题；在街区、街道等微观层面的规划与设计，则是城市规划中相当具有挑战的一个环节。比如如何做到紧凑却不拥挤；如何营造让人乐于步行的环境；如何吸引人们走出家门进入公共生活；如何让人们接受一个多元化（不同阶层、不同年龄、不同种族混合）的社区等。这个层面的工作是城市整体环境中的细节部分，却是至关重要的，因为它们关系到居民平常的生活品质和城市给人们的影响乃至城市安全等问题。公共艺术作品作为城市设计的一种方式和手段，能够引发人们对于城市公共空间的关注，符合新城市发展所提出的各种要求，对于增强人与人、人与环境的交流与沟通具有积极的意义。同时，公共艺术作为城市文化的重要载体之一，具有传承城市历史文化和激发城市个性与美丽的作用，形成独具特色的城市文化公共活动空间，在保护城市文脉的同时又能够提升城市整体文化建设。

现代城市建设中公共艺术作品和景观构筑物本身就具有很强的艺术性，它的规划与设计就是以城市的历史与文化、城市的性格与特征、城市的精神与风土人情等诸多要素为基础，展示城市居民艺术品位与城市精神，它带有浓重的城市历史与文化底蕴，彰显着城市的特色与魅力。城市的街道、广场与绿地空间给公共艺术提供广阔的空间与舞台。

图 3-2　《倒影缺失》
　　设计师是以色列建筑设计师迈克·阿拉德，作品位于 9.11 事件世贸中心 "双子大厦" 遗址，让人强烈地感受到 "失去" 的感觉。两个下沉式空间，象征了两座大楼留下的倒影，也可以理解为两座大楼曾经存在过的印记

3.2　对现代景观建设整体形态的推动

　　城市公共艺术以各种方式推动和影响现代景观建设，对完善城市的整体形象具有重要的作用。包括以雕塑或公共艺术为主题的公园以及各种城市公共艺术活动、计划、项目等，它们把公共艺术导入到城市的各个角落，从荒地到海滩，垃圾堆场到废旧工业区，导入到城市的大街小巷，公园绿地，海岸沙滩，融入到人们日常生活中。

　　世界上著名的雕塑公园中，有很多是在被破坏的自然环境中或者废弃的土地上建立起来的，是为了满足城市景观改造的需求而特别设立的。比如日本札幌的莫埃来沼（Moerenuma）公园（见图3-3）是一座建设在垃圾堆填区上的雕塑公园，将整个公园设计成"雕塑"体现出世界知名雕塑家野口勇（Isamu Noguch，1904～1988）特有的设计思想，公园内的《玻璃金字塔》（见图3-4）、直径48m的《海之喷泉》（见图3-5）、大型雕塑《音乐贝壳》（见图3-6）等，使其成为札幌的新地标，而所有的这些美好都是建立在脚下270万吨垃圾的基础上的。再如美国的奥林匹克雕塑公园位于华盛顿州西雅图，由一个室外雕塑博物馆和海滩组成。那里原来是联合石油公司的燃料储存地，并因此成为土壤严重污染的地区，西雅图艺术博物馆建立改变了该地区土地的用途，修建一座雕塑公园，使之成为市中心唯一的绿色空间，并以远处的奥林匹克山命名。随后人们在这里清除污染的泥土和污水，回填新土，种植树木，使生态环境得到明显改善，同时，由西雅图美术馆向全世界知名艺术家征集雕塑作品，用于公园的环境建设。

图 3-4　《玻璃金字塔》
野口勇（Isamu Noguchi）

图 3-5　《海之喷泉》
野口勇（Isamu Noguchi）

图 3-6　《音乐贝壳》
野口勇（Isamu Noguchi）

图 3-3　莫埃来沼公园

20世纪70年代以后，德国鲁尔工业园区与世界上其他老工业区一样日渐衰败。后来经过对传统工业大规模的改造和高度重视环境保护，以及服务业和新兴产业代替工业，才使其逐步获得生机。这样翻天覆地的变化也源于德国国际建筑博览会的重新振兴计划中所提出的"公园中就业"的概念，通过科技与艺术的结合，巧妙利用原有工业废墟和遗迹进行翻新和改造，将旧工厂的高墙转变为攀岩训练场，巨大的工业熔炉和冲压机械被摆放到地面上成为现代雕塑，将高大的烟囱重新喷涂后成为高耸入云的纪念碑，而所有这一切将这个工业废墟转化为工业历史和生态教育的基地。与其他一般的公园不同之处在于，它将雕塑作品和公共艺术作品作为人文元素加以使用，从而提升公园环境质量促进人群积聚，实现了艺术资源的共享和景观环境的改造。

自然环境中的公共艺术作品就像是大自然与人类共同打造的美景，自然环境优美几乎是所有西方国家雕塑公园的特征，让人造之物与自然共生正是人们建设雕塑公园的本意。比如澳大利亚的麦克里兰雕塑公园（McClelland Sculpture Park）位于一个花草丛生、花木遍地的旅游风景区中，公园里陈列着70多件雕塑作品与各式各样的灌木与乔木，公园每年要接待成千上万的游客。类似这样还有爱尔兰的帕克兰雕塑公园、瑞士的施恩赫雕塑园（Sculpture at Schoenthal）。

图3-7 《迂回》（Roundabout）
杰妮芙·凯瑟琳（Jennifer Cochrane），位于澳大利亚西部科茨洛海滩，2007

公共艺术活动可以推动城市整体形象的推广。美国纽约州罗切斯特市的"长椅游行"公共艺术活动从2009年10月正式启动一直展示到2010年9月，历时将近整整一年的时间，作为一个公共艺术项目，这些艺术长椅的赞助商多达100多家，这使得每件作品都独具创意。罗切斯特通过近200多张艺术长椅向市民展示了一座城市的创意与骄傲。

通过推行公共艺术计划可以增强城市的形象。在美国亚利桑那州有一个500多万人口的城市斯科茨代尔（Scottsdale），它是一个风景秀丽以旅游业为主要产业的城市。该市从1985年开始推行公共艺术计划，将雕塑和公共艺术作品设置在公园、路边、图书馆、建筑和其他环境中。该计划的目的是增强斯科茨代尔市独特的标识、图像和角色形象，吸引居民及游客去观赏城市公共艺术及艺术收藏，将该市打造成为全美最理想的城市社区。

公共艺术项目还可以促进城市历史文化传承。爱尔兰有一项跨边境、共同经营管理的艺术活动项目叫作HEART，是Heritage, Environment Art, and Rural Tourism（遗产保护、环境艺术、乡村旅游）的缩写。它是由当地12个村镇协助并共同开展的重要历史遗产保护和环境改造活动。在HEART项目中，公共艺术是该活动的核心部分之一，参加活动的人中有很多享有国际声誉和多次获奖的艺术家，他们通过研究当地历史遗迹创作出形式符合环境要求和强烈感染力的作品，以作为对当地的长久贡献。

关注：

　　城市公共空间是城市文化现象的发生的主要场所，公共艺术与城市发展有着不可分割的内在联系，对于城市发展而言具有多方面的价值和意义。在西方国家，城市公共艺术已列入城市专项规划，对公共艺术作品在城市中的空间布局、数量质量、设计施工都有完善的管理，同时，也是对公共艺术作品资源有效分配。

图3-8　《浮动的三角形》（Floating Triangles）

　　该作品是凯西·库珀（Casey Cooper）在2013年斯科茨代尔一年一度临时艺术展上的作品，那一年艺术展主题是"春分"

图 3-9　美国纽约高线公园（High Line Park）

　　该项目原来是 1930 年修建的一条连接肉类加工区和三十四街的哈德逊港口的铁路货运专用线，后于 1980 年功成身退，一度面临拆迁危险。在纽约 FHL 组织的大力保护下，高线公园终于存活了下来，并建成了独具特色的空中花园走廊，为纽约赢得了巨大的社会经济效益，成为国际设计和旧物重建的典范

图 3-10　高线公园第三期线路（High Line Park Phrase 3）

推动城市建设与发展的"国际公共艺术奖"是中国《公共艺术》和美国《公共艺术评论》两家期刊共同设立的奖项。其设置主要目的是聚集全世界最优秀的公共艺术创作和策划人才到举办地，以解决当地的实际问题。首届"国际公共艺术奖" 颁奖仪式于2013年4月12日在中国上海举行，以"地方重塑"为主题，并开设关于 "公共艺术与社会发展"与"公共艺术与城市发展"的主题论坛，期间选出六大案例获得"国际公共艺术奖"。美国纽约曼哈顿中城西侧的线型空中花园就是其中一件（见图3-9、图3-10）。由于公共艺术的本质是建立在本土文化上的，而分享本土文化信息是非常困难的，所以可以对许多国家进行研究，并把研究成果集中到一个地方，以此推进公共艺术的发展（见图3-11～图3-13）。总之，公共艺术可以各种各样的方式与形式介入城市生活中，对现代景观建设整体形态进行推动。

图 3-11～图 3-13　四川美术学院虎溪校区的公共艺术作品

图 3-14　《深圳人的一天》

3.3　刺激城市与人类精神发展的思想探索

城市精神是一个城市从表面到内在显示出的地域性群体精神，它是一个城市的形象和文化特色的鲜明体现。从外在看，城市精神表现为一种风貌、气氛、印象；从内在看，城市精神则更多表现为一种市民精神，是这个城市市民所拥有的气质和禀赋的体现，也展现出一种群体的价值共识、审美追求、信仰操守。由此可见，城市精神是一种潜在的社会发展催化剂和推动力量，对城市可持续发展有着举足轻重的意义。

城市公共艺术作为城市理想和精神的物化形式，反映着一座城市及其居民的生活历史和文化信仰，同时又以视觉审美的形式诠释着城市精神，强化城市个性。优秀的城市公共艺术作品能够折射出这座城市文化、环境和人们的心理，是城市文化的最佳展现。如美国自由女神像不仅成为美利坚民族象征，也是一种城市精神，呈现给人们的不仅是视觉的震撼，背后更潜藏着一座城市和人民向往自由与民主的精神力量。丹麦世界闻名的"美人鱼"铜像，位于哥本哈根市中心东北部的长堤公园（Langelinie），这是丹麦雕塑家爱德华·埃里克森（Edvard Eriksen）根据安徒生童话《海的女儿》塑造的。自从落户丹麦首都哥本哈根的海港后，它已经成为了丹麦的象征（见图3-15）。

在我国，也有一组群雕《深圳人的一天》深受当地人们的喜爱（见图3-14），它记录了深圳街头18个各个社会阶层的市民真实的生活状态。铜像背景是4块黑色镜面花岗岩浮雕，上面还记录了创作当天深圳城市生活的各

图 3-15　《美人鱼》
　　爱德华·埃里克森（Edvard Eriksen），位于丹麦哥本哈根市中心东北部的长堤公园 (Langelinie)，1913

种数据，包括国内外要闻、股市行情、天气预报、农副产品价格等，仿佛把市民平凡生活的短暂片刻凝固成永恒的历史。这种亲切、逼真的公共艺术作品受到了普通市民的喜爱，甚至成为了深圳市民的骄傲。公共艺术不再是高台上冷冰冰的雕塑，而是真正走进了人们的世界，这样的作品成为很多深圳普通市民谈论的话题，让人们能够找到和自己职业、地位相同的人物形象，体现着一种公共精神。同样具有精神标识意义的公共艺术作品或者景观构筑物还有很多。这就像语言的表达形式能够反映人类各民族精神的多样性，而对于相同的经验，不同的民族又会有不同的角度去表达（见图3-16）。相较于平时所用的语言，我们可以把城市公共艺术作品视为一种全球通用的语言表达方式，在不同国家、不同城市、不同民族、不同年龄、不同社会背景间人类交流的符号和工具，对人类在精神交流和沟通上具有重要的意义。

图 3-16　《云》（Clouds）
　　奥 拉 夫·布 瑞 林 格（Olaf Breuning），位于美国纽约曼哈顿中央公园的东南入口，2013

3.4　当代公共艺术与新型市民

随着近几年我国城市化步伐的加快，城市人口不断增加，新市民逐渐超过城市原住居民成为城市发展的主力军。城市里容纳着来自不同地域、不同文化背景、不同知识水平、不同职业领域和不同生活境遇的人，这些都对城市社会服务的管理提出了新的挑战。要实现城市可持续发展和进一步顺利地推进城镇化，不仅需要新市民能够充分融入城市生活方式和适应城市原有的文化与城市特质，更重要的是要建立起城市与市民的良性互动。除了在物质上满足人类的需求之外，城市在各个方面都影响着人们的生活方式。而当代公共艺术则以一种亲切、自然的方式与市民进行交流与互动。

图 3-17　美国明尼阿波利斯雕塑

图 3-18 墨西哥城街道上的公共长椅

城市公共艺术作品能够赋予事物和空间新的意义，不仅为人们的生活增添乐趣，还引导一种健康的生活方式。比如墨西哥城市政部门为方便市民出行和游憩，在改革大道两侧设立了许多新颖别致的座椅（见图3-18）。这些造型各异的座椅不仅增添了城市街道的实用性和美观性，更展现出街道在连接和沟通作用之外，也具有停留、休息和欣赏的作用，引导人们放慢速度，体验健康休闲的生活方式。

野口勇（Isamu Noguchi，1904~1988，日裔美国人）是20世纪最著名的雕塑家之一，也是最早尝试将雕塑和景观设计结合的人。他的抽象公共艺术作品《红色立方体》矗立于美国海上保险公司门前，仿佛一颗在转动中突然被"定格"的大骰子，姿态独特而奇妙，一角着地的立方体给人以不安全的危险感，体现了色彩在巨大而灰暗冷漠的建筑物间改变环境气氛的作用。然而，野口勇也把这个作品的名字叫作《我的安龙寺》，从中我们不难发现作者确实是以一种隐匿的方式把东方文化融入了西方人的生活环境中，他将东方园林景观造境手法运用于作品中，仔细体会便能发现其中蕴含着禅意精神（见图3-19）。

城市公共艺术能够引发人们对于公共空间的关注，为沟通和交流增添新的契机。城市公共艺术并不是以艺术家个人的创作为目的，它需要兼顾到城市环境和人群，所以在这点上它更接近于设计，为了在一个空间内平衡好各种社会关系，它更像人与人、人与环境交互作用的一种媒介。由于我们今天很少与人面对面交流，生活中充斥着手机、计算机和各种虚拟网络社交平

图 3-19 《红色立方体》
野口勇在时代广场上的公共艺术作品

台，更多时间对着手机和计算机等电子产品进行交流。城市公共艺术作品的出现和存在就像是一个契机，让我们走到公共空间里近距离地关注它、欣赏它，同时也和周围人分享对于艺术品的评论与建议。人们和艺术品之间的交流和互动也成为了公共艺术公共性的一个体现。比如美国华盛顿州柯克兰市（Kirkland）的公共艺术步道，是由柯克兰市的文化理事会倡导修建的，主要由青铜雕塑作品组成，安置于市中心街道和湖滨大道及公园等公共区域。在这里漫步，随处可欣赏到名家之作，其中很多作品由市民和市区商业组织出资购买，沿途欣赏艺术家们多姿多彩的作品时，也可以体会到他们想要向世人传递的深切情感。

　　城市公共艺术能够提升人的全面素质、促进个性发展和社会责任意识。2010伦敦艺术大象游街（Elephant Parade London 2010）获得伦敦年度文化关注活动的奖项，这个奖项是由英国当地的民众评选出来的，参选的都是该年度最成功的企业和基金会代表。作为伦敦有记录以来最大的户外艺术展览，258件以亚洲象为主题的雕塑作品在伦敦艺术象游街展出，活动的口号是"艺术象游街的'大象'不会被广大的人民群众所忽视！"目的是为了保护亚洲象和它们赖以生存的环境（见图3-20）。它的理念是要从多方面吸引公众的想象力，多以可爱的、充满趣味的形态出现，它们采用城市公共艺术这种友好的、可以接近的媒介进行传播，让人们更加关注这个濒临灭绝的种族，并献出自己的爱心。艺术与商业的"联姻"为赞助者和企业提供了一个充满创意、令人难忘的交流平台，为提升企业的品牌价值提供了有利的条

图 3-20　伦敦艺术大象游街活动中的大象雕塑

图 3-21　《海滩污染纪念碑》
　　汉斯·哈克（Hans Haacke），
1970，位于西班牙某海滩。该作品照片保
存在美国纽约保拉·库珀画廊

图 3-22　汉斯·哈克（Hans Haacke）的
马骨架雕塑驻足特拉法加广场

件，也为动物保护开创了一个新的途径。它不仅让当地群众近距离接触公共
艺术，同时也是一场让公众更多关注和保护亚洲象的艺术运动，其独特的乐
趣和创意交织在一起，让公共艺术逐步承担起更多的社会责任。

　　有一些艺术家则把自己对社会的责任观念通过公共艺术作品的方式呈
现出来。比如德裔美籍艺术家汉斯·哈克（Hans Haacke，1936~　）于1970
年创作的海滩污染纪念碑，是用西班牙海滩收集来的废弃物搭建成的一座小
丘，以此来表现海滩污染带来的环境污染问题（见图3-21）。作品用纪念
碑的理念，揭示出环境危机根本就是由人自身造成的破坏，从而警示世人
"我们只有一个地球"。英国著名园林设计师伊恩·麦克哈格（Ian Lennox
McHarg，1920~2001）指出21世纪最伟大的艺术创作主题是"修愈受伤的地
球"，提出要对受伤的地球给予关爱与补偿，合理利用或重复使用资源，对
遭到破坏的从微小的生活用品到广阔的地形地貌进行恢复与疗伤，标识出公
共艺术从塑造城市环境到修复生态环境的革命化进程（图3-22）。

思考延伸：
　　1.城市公共艺术作品如何推动城市与社会的发展？
　　2.城市公共艺术作品对城市景观营造有哪些重要意义？
　　3.如何理解文化地域性对城市公共艺术的重要性？

第4章　城市公共艺术及景观构筑物的分类与特点

城市公共艺术和景观构筑物的种类丰富，式样繁多，为了有效地把握公共艺术的创作和设计规律，我们按照不同题材内容、表现形式、艺术特征、展示空间及存在方式等方面，将城市公共艺术和景观构筑物分为六个类型，包括：纪念碑式、建筑性、景观性、展示性、偶发性和新媒体等新生公共艺术，以便于更好地理解和认识公共艺术作品的创作思路与价值意义。

4.1　纪念碑式公共艺术和景观构筑物

纪念碑式公共艺术和景观构筑物是人们最熟悉的一种类型，因为传统雕塑是纪念碑式公共艺术的雏形。它们大量地记录和表现城市文化与历史，以传承和体现城市精神为主要特点。现代城市中纪念碑所纪念的对象在拓展，表现手法和形式也都在发生着重大转变。

人们记忆中传统的纪念碑雕塑或建筑形式很丰富，例如凯旋门（见图4-1）、记功柱、米开朗基罗的大卫、凡尔赛宫花园里阿波罗战神雕塑等，它们宣扬皇帝和国家的权利或展现战士的雄伟英姿，以供人们瞻仰和崇拜。然而随着历史变迁，纪念的对象发生了变化，不再局限于帝王和英勇的战

图4-1　法国凯旋门

图4-2　罗斯福纪念公园

士，也可以记录某个平凡而伟大的人物、某个具有特殊意义的地点，或者某一段对人类发展具有重要意义的公共历史事件；其创作手法也随之发生改变，作品中不仅呈现出艺术家本人对创作对象的理解和感受，还结合公共空间和环境的整体需求。例如美国华盛顿罗斯福纪念公园位于杰佛逊纪念堂和林肯纪念堂之间，用以纪念美国第32任总统富兰克林·罗斯福及他任期中的事件。它通过构建一个完整的公共艺术公园，以连续的游览空间方式，让人们回忆历史人物与历史事件。整个公园共分为四个区域，以罗斯福总统在任的四个时期的时局作为空间区分的依据，以罗斯福家乡的新英格兰草原岗石作为全区空间围塑的元素，简洁坚硬有力的质感，让人感受到罗斯福的魄力与其坚毅的性格。然而，对于另一位被称为美国开国功勋的总统本杰明·富兰克林故居设计，仅仅是对其故居建筑的框架进行保留，目的是为了满足当地市民公共活动空间的需要（见图4-3）。

　　纪念性公共艺术通过在公共空间的艺术化呈现，以物质实体来构筑空间，帮助人们保存或者唤起过往事件的鲜活记忆，特别是那些公共事件，诸如战争、恐怖活动、种族屠杀等，比如第二次世界大战中（以下简称二战）欧洲被害犹太人纪念碑（见图4-4）、9·11纪念广场、朝鲜战争纪念馆、"多瑙河岸的鞋子"（用50双铁鞋来纪念二战时在匈牙利被纳粹枪决后推入多瑙河遇难的50万犹太人）（见图4-5）等。

图4-3　本杰明·富兰克林故居

图4-4　欧洲被害犹太人纪念碑

公共艺术承载着一个城市的历史，鉴证了城市景观的更新换代，有些历史遗迹被保留下来成为城市地标，替人们回忆和讲述城市的故事。比如美国炼油厂公园、上海徐家汇公园内保留原大中华橡胶厂的大烟囱（图4-6）以及英国的本初子午线纪念碑（图4-7）等。

纪念性公共艺术和景观构筑物的意义不仅在于向外来游客传达城市的相关信息，也是给本地的新一代年轻人讲述发生在自己"家里"的事情，让人们在了解城市的同时产生情感与共鸣，在不同国家、不同社会、不同年龄的人群之间建立起情感纽带。

图4-5　多瑙河岸的鞋子

图4-6　徐家汇大中华橡胶厂的烟囱

图4-7　本初子午线纪念碑

图 4-8　西班牙瞭望塔桥

4.2　建筑性公共艺术和景观构筑物

建筑性公共艺术与景观构筑物是指具有一定的建筑物特征，或其本身以建筑物为载体，具有审美功能和一定的实用功能。它通常具有相对的内部空间，能够区别于外部空间，让人们在其中活动，但这种围合并不一定有实在围合的墙体，而是能够构成心理暗示的空间。通常使用点、线和面状态的构筑物，形成半围合、半封闭空间，能够给人们以依靠、遮蔽、隐秘、安全、舒适的感觉，同时能与外部空间形成充分、良好的沟通。其主要内容包括凉亭、瞭望塔（图4-8）、观景平台、桥梁、大门、围墙、廊、花架等。

以景观大门为例，其本身作为一种景观序列的开端，是景观设计中重要的构成要素之一，它不仅具有分隔内外、组织交通、安全保障的功能，还有体现环境品质和文化地标的意义。通过对住宅小区大门的识别，我们可以了解小区的整体环境风格，而旅游风景区的大门则体现出其独特的景观和游玩特色。

以亭为例，其主要目的是为人提供遮风避雨的条件，让人能够舒适地停留、休息或驻足观望，围绕这个核心功能以及建筑材料的发展，亭的造型早已突破了中国古典园林中的传统形态，而是根据不同的环境要求，展现出各式各样的形态。比如德国萨尔大学建筑学院和BOWOOSS公司联合设计开发了一个仿生的木制贝壳亭子（图4-9），目的是通过该项目探索海洋生物（尤其是浮游生物）的形体构造，并将其利用到建筑形式设计上。这个小亭子外形酷似一只巨大的海参，但是表面并没有海参的芒状突起，更像是海藻类生物的外皮。项目焦点在于开发一套可持续的、灵活的和轻质的解决方案，而使用的资源就是可再生的木材。

图 4-9　仿生的木制贝壳亭子

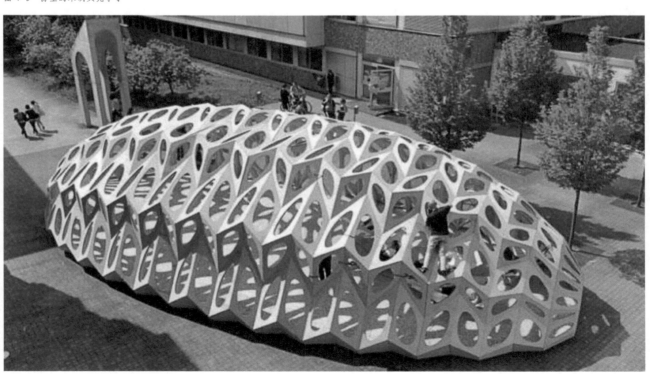

图 4-10 《弹性透视》（The Elastic Perspective）
荷兰鹿特丹楼梯雕塑，NEXT 建筑事务所，2014

图 4-11 意大利威尼斯双年展克罗地亚漂浮亭，2013

图 4-12 意大利威尼斯双年展克罗地亚浮亭漂浮亭，2013

图4-13　加拿大蒙特利尔人行天桥
　　新建于蒙特利尔郊区的人行天桥成为当地显著的新地标。

图4-14　《巨大幻象》
　　马蒂亚帕科里齐在布鲁塞尔，在2014年的Kanal Playground艺术节上展示

图4-15　《古根海姆博物馆》
　　该作品由建筑大师弗兰克·盖里设计，位于西班牙毕尔巴鄂市，1997

　　以桥为例，原来它是跨越在河流上提供交通和连接沟通的构筑物，但在现代景观设计中，它不仅保留了其本身的意义，还发展出强烈的线性艺术表现力，营造一种连续的、弯曲的、多视角的、延展的游览体验空间（见图4-13）。

　　与此同时，城市的发展犹如新陈代谢，对于一些历史性的建筑再利用的设计方案中，有将其整体保留、功能置换更新的做法，也有将其墙体、框架等建筑结构部分予以保留的做法，这类保留的建筑物局部也属于建筑性的构筑物，使其延续城市的记忆（4.1中纪念碑式也有部分描述）。

　　另外，还有一些无比精彩、令人印象深刻的建筑物，它们无论从外观造型还是设计理念都犹如一件几近完美的艺术品。这类建筑物本身当然属于建筑物范畴，只是它们同时还具备了公共艺术的品质，成为建筑耀眼的明星和城市的亮点，从而构建起人们对城市的美好印象（见图4-14）。讲述建筑大师的代表性公共艺术和建筑艺术小品，比如建筑大师弗兰克·盖里设计的建筑代表作品（见图4-15）。

4.3　景观性公共艺术和景观构筑物

在城市环境建设中，景观性公共艺术和构筑物具有最广泛的意义。艺术观赏性是其第一属性，不具备人们可以进入的内部空间，通常体量较小。它以满足大众的审美为主要目的，通过本身的内容、造型、色彩、肌理、质感向人们展示形象，同时具备美化环境、提升环境品质等作用。其表现形式符合大众审美规律，通过协调处理各种关系使作品具备合理的尺度、适当的比例、优美的造型、舒适的质感等，满足人们美好的视觉感受。同时，它还具有地域性和文化性，通过大众化、通俗化、赏心悦目的构筑物来讲述特定城市生活的故事与梦想，让人们在轻松愉快的环境里感受到日常生活的人文价值，塑造健康和谐的人性化视觉体验空间。

我们将这类构筑物分为自然环境和人工环境两大类型。其中，自然景观中构筑物和公共艺术是以自然环境要素为主要背景来设计的。它可以是自然风景区、郊野公园、田园乡村、海滩湖泊，也可以是城市里的公园绿地。它强调与自然的融合，要求综合考虑自然环境与空间组成要素，结合绿色、环保、生态、节能等可持续设计理念与技术，让观赏者在游憩体验之余，能够产生对自然环境的关爱意识。人工景观中构筑物和公共艺术是以人工环境为主要背景来设计的。它包括文物古迹、历史遗址、商贸集市、街道广场、建筑构筑物等。它强调融入城市生活，注重考虑人的活动和文化塑造，是现代城市景观中重要的组成部分，具有传播城市文化和启迪精神的重要意义。

图 4-16　《地平线》

尼尔·道森（Neil Dawson），位于新西兰凯帕拉港的吉布斯农场。看起来像是一片纸被吹到山顶，部分是透明的（只有钢架子），形成震撼的视觉效果

图 4-17　仿生亭

位于德国斯图加特大学

图 4-18　园林中的人造水景瀑布

图 4-19　艺术家安尼施·卡普尔（Anish Kapoor）的休闲景观作品

人工水景是景观性构筑物和公共艺术的典型代表之一，包括喷泉、瀑布、水池以及人工溪流与河道中的构筑物和设施，它常常成为积聚人群活动的景观中心（图4-18）。科技的发展大大推动喷泉类型发展，比如音乐喷泉、间隙喷泉、活动喷泉、排喷泉、涌泉、雾化喷泉、旱喷泉等，能够控制出水量、时间、水的状态、水的形态，还能结合灯光与声音效果，造型上千变万化，艺术风格上有壮观的、错觉的、梦幻的、趣味的等，创造出各种各样丰富多彩、夺人眼球的艺术效果。

总之，景观性公共艺术和构筑物是城市视觉符号的重要因素，构成完整协调的景观性体系，从而形成人们脑海中城市意象的重要因素，有助于增强人们对于一个城市的情感与记忆。因此，在设计时从整体出发，对各种景观性要素进行系统的组织或者设计融入整体的景观体系就显得尤为重要。

图 4-20　广场雕塑喷泉

野口勇（Isamu Noguchi），位于美国底特律市中心哈特广场，2009

图 4-21　The Real Estate 公园鸟瞰

图 4-22　The Real Estate 公园中带座椅的下沉式休息平台

4.4　展示性公共艺术和景观构筑物

展示性公共艺术和景观构筑物以一种载体形式，突出信息传递的意义，主要目的是凸显和展现某一类事物或者传递某一种特定的思想观念，常见于大型的公共艺术展览、城市举办的展览活动、大型商业展览活动、世界园林博览、节假日庆典展示活动等，往往具有短期性、便于拆卸搬迁等特征。

在当代城市文化活动中，展示性的公共艺术占有重要作用，艺术展览是美术馆、博物馆为公众服务的基本载体，也是把专业的学术研究成果转化成为大众普及文化的重要途径。艺术展览搭建起艺术作品和观众交流的平台，保障和实现每个公民的艺术文化权利，实施公共艺术教育，能够把具有前瞻性、前卫的文化观念与大众联系起来，以隔离我们司空见惯的生活和日常习惯，这种公共艺术作品在提示公众价值观创新、激发公共文化的活跃和创造力方面起到重要作用。例如上海世博会期间的公共艺术作品、世界园博会上的作品、草间弥生的《无极限》、威尼斯双年展等大型艺术展览中的公共艺术以及北京举办的新媒体艺术展《齐物等观》等，不断推动社会公共文化服务体系的建设。

除了上述提到的大型展览外，也有一些小型的展览活动，提供展示的场所通常包括私人画廊、私营艺术馆、露天商业广场、公园绿地以及一些私人住宅、工厂、企业仓库等。展览前一般会有广告宣传活动来吸引观众观展，展览过程中一般会安排相关专业演讲和交流活动以及提供解说、导览等服务，以便于观众对作品的欣赏和解读。有些展览活动则更偏重于商业效果，但这些展览性的公共艺术活动具有更广泛的科普意义，可以让更多的人了解相关知识。比如路虎汽车为了庆祝60岁生日而设计的大型户外公共艺术作品（见图4-23、图4-24）和梅赛台斯奔驰展台（见图4-25～图4-27）。

关注：
　　随着科技的发展进步，艺术与科学的结合越来越紧密，新媒体的介入对公共艺术领域影响巨大，它使人们更近距离地接触艺术。新媒体公共艺术的独特魅力也在于人与艺术作品交往互动，这不仅仅是创作手法或媒介的转变，也是审美交互性与体现性的展现，更是在现代艺术观念上的巨大突破。

图 4-23、图 4-24　路虎汽车户外大型公共艺术作品
　　艺术家格里·犹大（Gerry Judah），路虎汽车为了庆祝 60 岁生日而设计的大型户外公共艺术作品

图4-25、图4-26、图4-27　梅赛德斯
奔驰展台

4.5　偶发性公共艺术和景观构筑物

　　偶发艺术源自1959年A.卡普罗用"Happening"（意外发生的事）一词描述一种艺术创作状态，20世纪60年代则专指一种美术现象，即偶发艺术与传统艺术的技巧性和永久性原则相悖。偶发艺术注重活动的随机性，艺术创作活动在于即兴发挥，以自发的无具体情节和戏剧性事件为表现方式。

　　偶发艺术形态的形成具有不定性、瞬间性、无常性和无规律性的特性。偶发艺术形态长期被前沿艺术所拥有，把握着时代脉搏，紧跟着时代的步伐的变化和发展，具有前瞻性的特性。偶发艺术形态出自于大自然的第一手资料，既有可变性，又有独一无二的特点。

　　偶发性公共艺术相较与其他公共艺术形式，最大的区别在于时间上的短暂性和一过性，目的是为展现在大众面前一个瞬间的艺术。美国艺术家克里斯托和让娜·克劳德（Christo and Jeanne Claude）夫妇一生完成了许多举世闻名堪称经典的公共艺术作品，例如包裹德国国会大厦。在包裹行动中，他们耗费了大量的时间和费用进行策划和申请。然而，这座包装起来的国会大厦仅仅维持两周，但就在这短短两周内，总共吸引了500万观众，成为二战后柏林历史上最为瞩目的艺术品。当时的柏林市长迪普根对克里斯托夫妇表示感谢，称包裹后的大厦是"无法忘怀的整体艺术品"。这种短暂的、规模宏大的艺术行为给人们带来的视觉冲击是巨大的，它一直作为公共艺术的一种典范。这种艺术行为具有不可逆、不可重复的一过性特征，带来了人们对其深刻的、永久性的记忆。如克里斯托夫妇还进行包裹岛屿、包裹海岸、包裹树木等艺术行动。蔡国强的《白日焰火》也属于偶发性公共艺术。

图 4-28　包裹德国国会大厦
　　克里斯托与让娜·克劳德（Christo and Jeanne Claude），1995 年 6~7 月

图 4-29　《包裹岛屿》
　　克里斯托与让娜·克劳德（Christo and Jeanne Claude）

4.6   新媒体等新生公共艺术

随着信息时代发展和数字科技的进步，新媒体技术在社会上得到广泛的应用。借助于互联网的新媒体不仅成为了艺术表现方式，也是艺术创作手段，作为一种全新的艺术类型登上历史舞台，对人们生活环境和城市产生巨大影响。

"新媒体"的"新"区别于电视、报刊、广播等"传统媒体"，后者一般在时间和空间上有局限性，采取单一的、线性的报道方式，在信息传播上以大众单向性的被动接受为主。而"新媒体"则是建立在计算机和互联网技术基础上一种的信息传播方式，突破了时间和空间的限制，让信息的传递不受时空限制。同时，交互性功能使人们既成为信息的传播者，又是信息的接受者，使交流更为便捷、多样。

新媒体艺术的先驱罗伊·阿斯科特（Roy Ascott）说：新媒体艺术最鲜明的特质为连接性与互动性。20世纪60年代的观念艺术、偶发艺术以及70年代的表演艺术、电子艺术、装置艺术和结合机械技术的动力艺术都为新媒体艺术的诞生奠定了基础。与此同时，20世纪后期的新科技，尤其是计算机技术的发展是新媒体艺术孕育的重要土壤，在艺术与科学的激烈碰撞和反应中形成了各种新兴艺术门类，例如"虚拟现实艺术"、"机器人艺术"、"交互艺术"、"触觉艺术"、"毫微艺术（Nano art）"等。它们大都有多媒体与计算机技术的烙印，大都突破了时空观念和媒体限制，表现出极大的公共性与开放性。

图4-30 韩国景观设计师金美京（Mikyoung Kim，1962～）广场雕塑作品

图 4-31、图 4-32　梅斯特将军纪
念公园夜景照明

图4-33、图4-34 美国艺术家珍妮特·
艾克曼的城市网雕艺术在温哥华首展

新媒体对公共艺术发展的影响是巨大的。区别于传统艺术表现形式，它所展现出的是对于新科技和新材料的理解和运用。它将原本不可能实现的材料或媒介运用于艺术表现上，比如气、雾、光、影像、声音、气味等，新媒体的三维图形技术、立体显示技术、立体音效等多种技术的使用，大大突破传统时空限制，将时间和空间作为艺术元素，纳入创作设计中，丰富了空间形式，创作出许多丰富多彩、意想不到的艺术氛围。

随着科技的不断更新，其他各种新生的公共艺术和景观构筑物在探索中诞生，绽放出绚丽的色彩。比如美国艺术家珍妮特·艾克曼（Janet Echelman，1966～）的城市网雕艺术，使用了轻质纤维来提升她不朽的"呼吸"形式，在城市中心的街道上空，艾克曼新的雕塑是之前从未尝试过的规模和尺度。雕塑使用的是比钢更强韧的光纤，同时又足够轻盈，给予雕塑足够的强度来抵御最高达96mi/h（154.5km/h）的大风，同时保持足够轻盈以连接到现有建筑，并使运输变得方便（见图4-33、图4-34）。

　　另外值得一提的是蒙特利尔公共艺术装置《棱镜计划》，该作品是多伦多建筑公司RAW制作的公共艺术装置，从2014年2月1日起，邀请蒙特利尔市民和参观者到城市中心体验"棱镜"。这项公共艺术装置由50面旋转棱镜组成，每两个棱镜之间间隔2m，能将可视光线折射出不同的颜色，颜色依光源位置和参观者位置的变化而变化。该项目的负责人说："我们希望这个装置提供一种身临其境的感觉。我们希望人们能够一起玩耍，分享快乐，并忘却寒冷。"旋转棱镜是由镀有特殊涂层的透明板材组成，安装在地面上，并配有投影仪。参观者漫步其中，并可操控它们，以分享光和折射的乐趣，聆听铃声组成的声迹（见图4-35、图4-36）。

图4-35、图4-36　《棱镜计划》
　　位于加拿大蒙特利尔市的公共艺术装置

　　由此可见，高科技应用推进景观设计向交互体验性方向发展。新媒体艺术能够与观众互动是基于计算机和传感器构成的感应系统所做出的反馈和回应。可以通过不同的方式进行互动，例如触摸、姿势、凝视、动作等。这种变化使得大众从一个传统公共艺术的被动接受者转变为一个参与者。这些作品形式激发了大众的参与感，强化了大众的主体性。因此，这类作品的设计不仅要符合人类行为模式，还要能够引起观众参与的兴趣。交互性为公共艺术实现作品与观众的沟通增加了一个新的途径，把与观众的互动沟通作为作品创作过程中不可缺少的一个环节。

图 4-37 《树》
  位于加拿大卡尔加里民俗公园,新加坡农场艺术团队创作

图 4-38 《光电瀑布》
  加拿大艺术家吉尔·安霍尔特(Jill Anholt),位于加拿大多伦多 Sherbourne Common 社区公园

思考延伸:
  1.不同类型的城市公共艺术作品有哪些不同的特点?
  2.偶发性城市公共艺术具有哪些价值与意义?
  3.新媒体公共艺术作品中如何体现科学性与艺术性的统一?

第5章 城市公共艺术的呈现方式

现代城市对景观的需求，也影响着现代社会对公共艺术作品的需求。不同艺术氛围的公共艺术作品为城市景观留下不同的标识，并承载着城市的记忆。公共艺术介入城市景观正是梳理和构建城市品格的绝好切入点。但它绝非孤立的工程制作与广告植入行为，而是基于城市景观背景的一项系统工程：不仅要考虑到公共空间的各种可能性、空间的尺度与比例关系、作品的造型，同时还应重点考虑作品与环境的衔接，符合和满足人的行为与活动需求等。只有在各种积极因素的驱动下，作为一种公共艺术作品或者具备某种功能的景观构筑物的形式，才能真正参与到整个城市设计和建造过程中，从而优化城市景观环境。

图5-1 美国德克萨斯州夫人鸟湖步道
公共设施（卫生间）

图5-2 公共绿地上的互动装置

图 5-3　丹尼尔·布伦（Daniel Buren，
1938～）公共艺术作品

5.1　呈现方式源自公共空间的可能性

　　城市公共空间是公共艺术和景观构筑物的主要载体，艺术家和设计师在进行作品创作和设计前需要到作品未来设置的场地进行现场踏勘。踏勘范围会比作品所在的范围更大，因为他们需要尽可能多地了解和掌握周边场地的各种信息和条件，例如潜在观众的类型、周边建筑物的风格、交通流量情况、是否有足够的腹地可以用于停留休息等。同时，在调研考察过程中，对于空间的真实体验也会给他们的创作带来一些想法和灵感。创作在很大程度上取决于设计师和艺术家对所在公共空间的认识和理解。

　　"公共空间"的概念逐渐进入城市规划及设计学科领域是在20世纪60年代初，最初在芒福德（L.Mumford，1895~1990）和雅各布（J.Jacobs，1916~2016）及后人的一些建筑学术著作中。直到70年代"公共空间"的概念才被普遍接受。实际上，"公共空间"概念的出现标志着在建筑和城市领域中出现了新的文化意识，即从现代主义所推崇的功能至上的原则转向重视城市空间在物质形态之上的人文和社会价值。从城市及社会角度来说，公共空间是社会生活交往的场所。也就是说，城市物质生活环境中的开放空间、

图 5-4　《从天空到天坛》
　　丹尼尔·布伦（Daniel Buren，1938
～）作品

开敞的休闲空间、商业步行街、广场、街道、公共绿地、街心花园、公园都是公共空间，它是人们日常生活的重要组成部分。人们在街道上散步、慢跑，孩子们在街区和广场玩耍嬉戏，家人和朋友在公园里游玩、聊天、享受简单的午餐或遛狗，公共空间是人们的露天客厅和户外休闲场所，其最根本的意义在于其中所容纳的丰富和多元的城市生活。这一观点逐渐成为城市学科领域建设发展城市公共空间的重要思想。

当公共艺术和景观构筑物介入公共空间，则强化了公共空间在文化和精神方面的价值，并把注意力集中在处理人与空间、人与物、人与人的关系以及物与物、物与空间的关系上。由人和物一起构建的公共空间是一个不断变化、发展、动态的概念。如上海炫丽繁华的商业街淮海路，百年商圈徐家汇以及被称为万国建筑博览的外滩都在城市发展浪潮中，其建筑外观、街道面貌、商业业态、人文景观等都不断地更新换代，短短几十年里发生着翻天覆地的变化。这样的变化与发展是随着社会生活需求的变化而不断更新的。

因此，公共空间是具有时代性特征的。同时，公共空间也是有鲜明的地域文化特征的。比如法国城市巴黎在呈现出现代感的同时也透漏着深邃的历史感，对于公共空间的精心营造在其中起到很大的作用。它们展现出这座城市不同历史时期的精神积累，又因历史的延续性自然地统一在同一个时空内，使整个城市景观完美而协调。人文环境层面所达成的和谐与统一，才能共同塑造出巴黎独特的城市文化气质。公共艺术和景观构筑物作为文化标识，对构筑城市公共空间的具有重要意义。

图 5-5 《狮子》
英国艺术家肯德拉·黑丝特 Kendra Haste 用铅丝制作了大小各异的动物雕像供公共装饰或是私人收藏使用。灵感来源于自然，通过光影的对比，这些金属丝可以营造一种全面的 3D 感受，甚至连毛发也可以体现出来

图 5-6 《奇努克弧》互动照明雕塑
艺术家乔·奥康内尔 Joe O'Connell 和布莱森·汉考克 Blessing Hancock，加拿大阿尔伯塔省卡尔加里 Barb Scott 公园，2014

图 5-7 《墙外》(Beyond the Wall)
丹尼尔·里伯斯金 (Daniel libeskind)，位于科森扎 (Cosentino) 西班牙总部，2013

此外，随着信息时代的到来，出现了在虚拟网络上的公共空间。这一现象很好地解释了城市"公共空间"其本身并不局限于城市物质空间的意义，而是更强调提供一种相互了解、交流、沟通平台的意义。虚拟网络中的"公共空间"突破了传统的时间与空间的界限，为创作增加了深度与广度。

公共空间的特点对公共艺术和景观构筑物的创作具有限制和引导作用。正如前文提到的艺术家和设计师会通过现场考察来判断创作的基本思路，他们还必须遵循场地的各种隐藏却重要的限制性条件。比如在交通要道或路口应考虑到避免遮挡来往车辆的视线，避免使用高反光材质；在以山体为主的自然风景区，应设置限高，避免破坏山脊线所勾勒出的美妙的天际线等。同时，人在某一类公共空间中的行为活动规律对创作具有很强的引导性，比如在河岸休闲空间进行公共艺术创作时，要考虑相较于车道一侧人们更喜欢沿着水岸边行走，应考虑到保持沿河步行道的连续性。但由于大部分的规律并没有详细写入技术法则或设计规范，这就需要我们对场地进行悉心的观察，重视前期研究工作。因为，那些违背和影响大众行为规律或者与当地文化格格不入的作品，最终结果往往是被拆除或移走。

图 5-8 丹尼尔·布伦 (Daniel Buren) 公共艺术作品

此外，还有一些公共空间的客观因素需要艺术家和设计师结合设计所预期达到的效果来进行综合评估和考虑。例如公共空间周围建筑的风格特点、高度、立面的材质肌理、色彩，这些因素都是相对无法改变的，那就需要思考作品最终产生的效果是希望与环境协调融合还是追求引起视觉冲击力。

公共空间强调空间被不同人使用和容纳不同的活动内容，具备多元的社会元素共存和交融的能力。卡尔在《公共空间》一书中将公共空间定义为"开放的、公共的，可以进入的个人或群体活动的空间"（Carr，1992）。他认为，公共空间能被人使用首先在于它可以允许人进入的特征。他进一步将空间"可达性"归纳为三个方面：实体可达性（physical access），即空间能够方便人进入；视觉可达性（visual access），即空间在视觉上能被感受并具有吸引力；象征意义的可达性（symbolic access），即空间对观察者产生空间涵义上的吸引力。这三个层次"可达性"中，特别是最后一个"象征意义的可达性"的实现，很大程度上这个责任是落在公共艺术肩膀上的。因此，我们应该能够理解当公共艺术或景观构筑物以适当的方式介入公共空间时，二者就成为了一个共同体，其二者的"公共性"也随之加倍了。

图 5-9　美国沃斯堡流水花园

图 5-10　《献给茨魏布吕肯的 1000 朵玫瑰》
德国艺术家奥特马尔·霍尔（Ottmar Horl），位于德国茨魏布吕肯，2013

图5-11　伦敦街头的真人秀

图5-12　2012伦敦奥运会公共艺术作品

图5-13　玛莉莲梦露雕塑屹立在美国芝加哥一个地铁站附近

5.2　尺度与比例

尺度是公共空间的基本特征之一，空间是多种变化尺度的组合。人作为衡量尺度的主体在空间与尺度关系中是最重要的因素。尺度是指空间或建筑物、人或物体之间的比例关系，还包括这种关系给人的感受。设计师和艺术家通过对尺度的把握来营造空间的变化。人体工程学和环境心理学的方法为景观构筑物和公共艺术设计提供了人与物关系的可靠依据，尤其是景观构筑物，更应依据人体工学的尺度数据进行设计。通过测量手段，可以使人体对空间尺度等需求量化，合理解决景观构筑物设计与人的关系，从而创造舒适的城市景观环境。因此，在创作与设计中首先需要了解人体的各种生理尺度，人体的不同姿势和活动所需要的空间尺度是确定创作时的基本依据。比如：一般来说，45cm是人体最为舒适的坐姿高度；一个单独行走的人需要600~720cm的宽度，而两个人就需要1000~1350cm的宽度等；这些尺寸关系到景观构筑物最终的使用和观赏效果。同时由于不同人群的不同人体尺度标准，在"以人为本"的城市空间营造里，还要求在设计过程中考虑儿童、老人和残障人士等群体的行为、姿势、尺度和特殊要求或进行专门设计。

人体主要是通过视觉、听觉和触觉的方式来感知尺度与空间。人类从3岁左右开始具备空间感知能力，能够逐步分辨大小、多少、长短、前后。这种初步的空间知觉是随着人的视觉和触觉发育一起发展起来的。然而，人能看见和认知物体是有生理学上的限制的。如果我们不转动眼球，我们只能看见很小的范围——大约1°内的精确细节，在接近30°～60°的视野里，能明确分辨物体的形状，但是达到120°的角度时，物体逐渐模糊。超出这个角度我们只能移动才能看清物体。

图 5-14 　《漂流瓶》
　　梅丽莎·吉布斯(Melissa Gibbs)设计。这件作品给人以肃穆、深沉的感受，通过放大了漂流瓶的体积，使其变成一个既具备雕塑感，又拥有实用功能的户外公共艺术作品，旨在以漂流瓶的概念阐述这座城市与大海的渊源，其中包含着作者对曾经在此进行艰辛劳作的人们的崇敬之情，还有对卡迪夫多元文化的热爱。这件作品中所包含的空隙，宛若船体的骨架，暗示着海上生活的艰难

图 5-15 　《关系》(Nexus)
　　西蒙·冈特利特(Simon Gauntlett)，澳大利亚珀斯中部新北桥地区，2002

在欧洲，雕塑创作的传统经验认为，人的视野决定观看雕塑的最佳点。比较三种视点：比例为3:1，相应视角接近18°；比例为2:1，相应视角接近27°；比例为1:1，相应视角接近45°。在公共空间里通常不推荐使用观看者和空间边界是1:1的比例。因为这时通常看不见天空，观看者会感觉很狭小局促。有时，为了避免过近观察而导致的形态失真，许多古老的纪念碑和雕塑的周围会设置绿篱、栅栏或高起的台阶。日本建筑师芦原义信也提出过关于外部空间尺度建议，他认为："关于外部空间，实际走走看就很清楚，每20～25cm，或是有重复的节奏感，或是材质有变化，或是地面高差有变化，那么即使在大空间里也可以打破其单调，有时会一下子生动起来。"

尺度这个重要的概念，通常作为营造空间的准则以及公共艺术和景观构筑物的外在表现的依据。实际空间中的对尺度把握不是纸上谈兵，不能仅从平面图或立面图上来计算，而应当从作品设置现场的空间透视角度来确定。要充分了解各种场地、设施、小品等的尺寸控制标准及舒适度，不仅要求平面形式优美，更要具有科学性和实用性。

就公共艺术和景观构筑物而言，从心理角度，还有一种常见的分类方式，即超常尺度、自然尺度和亲切尺度。超常尺度指违反自然视觉规律的作品，这种作品带领人们从新的视角观察事物，重新唤起人们对常见、熟悉事物的新鲜感，使人产生新的思考、想象或是产生惊叹的心理感受；自然尺度是指那些符合人类对客观世界视觉感知规律的作品，试图让作品表现本身自然的尺寸，使观者能度量出自身正常的存在；亲切尺度是指那些尺寸

图 5-16、图 5-17　各地的景观构架

关注：
　　城市公共空间是城市文化现象的发生的一个重要场所，"场域性"、"符号性"、"空间性"是其重要特征，公共艺术则是这些特征的混合体。是一种在城市历史与现代中稳定而变革的文化现象。艺术家和设计师的创作风格、审美趋向和个人的艺术追求决定了它的外观造型和形态，同时，它更是社会大众意志在景观构筑物中的集中体现。

图 5-18　《巨大的口香糖》
　　西 蒙 娜·德 克 尔（Simone Decker）设计。她在国际上影响非常大，她的很多作品完全借助于当代艺术的表现形式，借助于空间对社会问题进行深刻的探讨

图 5-19　《芝加哥医院康复花园》（Ann&Robert H. Lurie Children's Hospital of Chicago）
　　在医院花园中心，运动传感器的 LED 灯改造壁映射出流水的舒缓图像，冒着泡的温泉和彩色大理石水帘也为环境添加了有声的元素，自然光透过像小溪般蜿蜒的彩色玻璃墙和层叠的竹林创造出斑驳的阴影，无论是光线还是声音元素，都环绕在树脂墙壁和用当地木材制造的雕塑上，不那么开阔的空间也能为病人提供隐秘的空间用来静休，以舒缓心情

图5-20 《最长的公共座椅》（The Longest Bench）
　　位于英国利特耳汉普顿（Littlehampton）

较小、使人们感到可以亲近，可以触摸，不会产生心理上的排斥。这种划分原先是对建筑创作所提出的，但公共艺术和景观构筑物也是可以参考的。我们增加了一种区域性尺度，用它来指那些更广阔范围内的作品，比如大地艺术（Earth Art）指的是艺术家以大自然作为创造媒体，把艺术与大自然有机的结合创造出的一种富有艺术整体性情景的视觉化艺术形式，还有类似英国"最长的公共座椅"（The Longest Bench）诸如此类的作品（图5-20）。

5.3　空间与造型

空间（Space）是与时间相对的一种物质客观存在形式，由长度、宽度、高度、大小（体积形状不变）、时间表现出来。在哲学上，"空间"是抽象概念，其内涵是无界永在，其外延是一切物件占位大小和相对位置的度量。"无界"指空间中的任何一点都是任意方位的出发点；"永在"指空间永远出现在当前时刻。本部分从公共艺术与景观构筑物自身角度出发，展开对作品造型空间的探索。

空间不仅仅是公共艺术的存在方式，也是公共艺术和景观构筑物创作时要不断研究、探索的重要因素。实际上，公共艺术和景观构筑物对空间起到分隔与联系、加强与削弱、冲突与调和等作用，它们的发展也可以看作是对空间不断探索的一个过程。

艺术家和设计师不断追求新的可能性和突破，起初是对体积感、分量感的追求。在欧洲文艺复兴伟大的雕塑家米开朗基罗尤其强调雕塑的整体团块性，他的雕塑作品都给予观者以团块的体积感。他曾经说：一个优秀的雕塑从高山上滚落下来是不会受到损坏的。因此，"在西方文艺复兴雕塑发展史上，所有的雕塑都是以凸起为主要特征的，雕塑被理解为一块朝外凸起的球状或圆柱体的聚集物。"在20世纪的西方国家，很多著名的公共艺术作品中

图5-21 《斜倚的人形》（Reclining Figure）
　　亨利·摩尔（Henry Moore），位于英国皇家植物园，1951

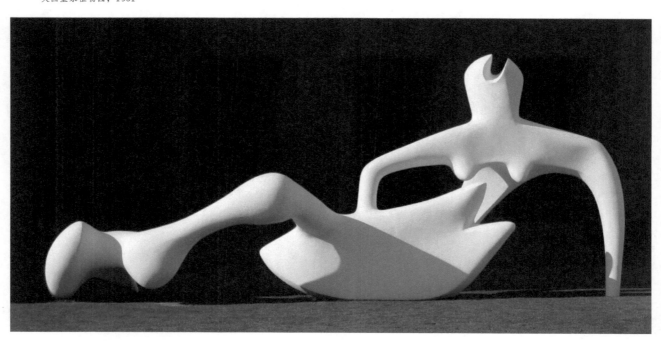

仍然受到传统雕塑的影响，维持以体量感、体积感为主导的审美趋向，其中就包括诸如英国雕塑家亨利·摩尔（Henry Moore，1898～1986）和法国雕塑家阿里斯蒂德·马约尔（Aristide Mailllol，1861～1944）的许多作品。亨利·摩尔本人在老年的时候曾经表示米开朗基罗确实对自己有着深刻的影响（见图5-21、图5-22）。

　　20世纪的西方国家，受现代主义艺术的巨烈冲击和影响，其雕塑发展无论从材料、创作理念及艺术观念上都颠覆了对空间的理解和诠释，特别是受到立体主义的影响。从那之后，雕塑家、公共艺术家、景观设计师，都转向对抽象空间的探索，在作品中大量出现镂空、孔洞的形态（见图5-23）。"负空间"一词在《艺术词典》有这样的解释："negative volume，negativespace 负体积，负空间。建筑、雕塑或者绘画中被封闭的空余空间，它对构图起着重要作用。"实际上，中国古代就有提及对于负空间的理解，只是没有用到"负空间"这个词，这就是我们常理解的留白。在中国古典园林中非常强调虚实、隐显的对比。以叠山为例，《园冶》作者计成指出："楼面掇山，宜最高，才入妙，高者恐逼于前，不若远之，更有深意。"是指叠山忌讳拥塞，要有虚实变化，才能引发无尽的联想。计成还指出："片山有致，寸石生情。"说明就单体的堆石而言，假石讲求有洞有穴有间隙，才能显示出玲珑、精致和巧妙。而对假山石审美的标准中，就包含着对"孔洞"这类带有负空间形态的欣赏。这种带有负空间形态的假山石也成为典型的古典园林的景观构筑物的代表。

图 5-22 《夜晚》
　　阿里斯蒂德·马约尔（Aristide Maillol），位于德国斯图加特，1920

图 5-23 《Sheep·Piece》
　　亨利·摩尔（Henry Moore），位于瑞士苏黎世塞费尔德，1972

图5-24 《三翼》（De tre vingarna）
亚历山大·考尔德（Alexander
Calder），1967

图5-25 《人》（Man）
亚历山大·考尔德（Alexander
Calder），位于德国柏林，1967

图5-26 《鹰》（Eagle）
亚历山大·考尔德（Alexander
Calder），位于美国华盛顿州西雅图，
1971

而亨利·摩尔把这一空间的造型理念推向成熟。作为一种造型元素，摩尔雕塑中的孔洞不仅仅丰富着雕塑的空间关系与层次，它还连接着雕塑的前后、内外，使之彼此沟通，将我们的生活空间与自然风景相结合。内部空间的脆弱性看上去被外部形式包围和保护；而内部空间又扩张着外部空间的力量。摩尔作品中孔洞的出现并非偶然，它实质上是摩尔在"空间"探索方面表现出的艺术个性特征。

受20世纪50～60年代产生的后现代主义艺术影响，艺术家不再是追求对客观事物的描绘，也逐渐忽视对造型体积感或负空间的追求，而是开始把注意力转移到对形式、材料、结构以及对空间本身的诠释，他们把艺术作为符号进行探索，造型形态具有抽象、结构、形式主义的意味，并通过与空间关系的协调处理，给人带来某种视觉美感，与此同时，还增加了时间维度。比如美国艺术家亚历山大·考尔德（Alexander Calder，1898～1976）的活动雕塑，突破传统空间上的静态限制，营造了一个变幻的空间，为公共艺术和景观构筑物的创作开启了一扇新的大门（见图5-24）。考尔德的作品或是放在室外，或是悬挂在金属线上，通过机动、风动、手动、直接悬吊等方式，使作品每时每刻都展现出不同形态，让观者感受空气在流动、空间在转换（见图5-25、图5-26）。同时，他将三维空间之外的另一种感受，即时间的概念融入到雕塑作品创作中。随着雕塑作品的运动，时间也在流淌。

随着科技发展，新媒体技术的导入，对于时间维度的探索仅仅是一个开始，科技进步为公共艺术大大拓展了在空间造型上的可能性，声、光、电、水、气、雾以及植物等生物材料都被运用到作品的创作中。

5.4　与环境的衔接

　　一件好的景观小品或公共艺术作品是能够与周围环境统一协调的，人们看到的不仅仅是其本身，而是这件作品与周围环境所共同营造出来的整体效果，因此设计中要整体地考虑各种环境因素，避免产生严重的冲突与对立，确保形成和谐舒适的景观氛围。掌握人们活动的规律可以构成景观小品与人群之间的合理关系。

　　环境由众多要素构成，既包括自然景观要素，例如天空、河流湖泊、海洋、山丘、石头、动植物等，也包括观念、文化、制度等社会要素。我们平时所说的景观环境则是指各类自然景观资源和人文景观资源所组成的，具有观赏价值、人文价值和生态价值的空间关系。设计时，如果只考虑功能，那么各种要素的堆积会使城市景观杂乱无章，因此要考虑到各种环境要素。在不同的景观环境中，构成的要素不同，要素的特点也不同。比如，在商业中心区的环境里，主要构成要素包括：建筑物、车行道路、大型交通站点、广场、通勤人群、购物人群，人流比较密集，人行走的速度比较快，建筑物密度比较大，视线空间比较狭窄，色彩以城市建筑物和人造景观为主；在公园景观环境里，主要构成要素是花草树木、草坪、天空、步行道、水池等，人群主要以休闲、散步、娱乐、运动为主，往往速度相对缓慢，视线比较开阔，以大自然的色彩为主要背景。公共艺术和景观构筑物的设置具有相对的固定性，设置后一般在很长一段时间内是不被任意搬迁的，所以在设置或创作时，应当结合当地环境中的各个要素和实际情况综合考虑，从而确定作品的形式、色彩、材质、尺寸、内容、位置等，只有经过科学的考虑，才会有成熟的设计成果（见图5-29、图5-30）。

图 5-27　《红色的弧线》（The red arc）
　　西班牙毕尔巴鄂市香格里拉大桥（Bilbao La Salve Bridge）

图 5-28　《巨型飞鱼》
　　弗兰克·盖瑞（Frank Gehry），坐落于西班牙巴塞罗那加泰罗尼亚奥林匹克港前，1992

图 5-29　位于曼谷的商业建筑与地铁站间的公共绿地

　　该公共绿地的草坪走道特意设计成与风景融为一体，同时在某些地方设置了雕塑，不仅让花园更有生气，还鼓励了小区内孩童与雕塑、景区的互动

　　通过与其他景观的组合，公共艺术与景观小品还能够增强环境特征，不仅使环境舒适宜人，而且能够使环境具有感染力、表现力和影响力。美国著名大地艺术家罗伯特·史密森（1938～1973）是最早在自然环境中表达明确观念的艺术家之一。他的作品《螺旋形防波堤》以壮阔的大自然为场地和画布，将观念融于其中，在艺术探索的同时，他尤其追求这种人造痕迹与大自然原始痕迹间的对比效应，蕴含着保护自然环境的深邃内涵，并为观念、行为、材料、自然这四个因素的结合找到了一个完美的突破口（见图5-31）。

　　所以，我们不能把公共艺术和景观小品的创作简单理解为环境空间中增添的艺术品，实际上，它们直接表达了人们对环境的态度和观念。因此，在实际创作中，应结合环境不同特质，综合考虑作品的创作内容与表现手法，使其与环境形成一种和谐的关系，传递人与环境关系的正能量。

图 5-30　瀑布水帘及跌水景观

图 5-31 《螺旋形防波堤》（Spiral Jetty）

罗伯特·史密森（Robert Smithson），位于美国犹他州，1970

图 5-32 清溪川上游景观鸟瞰

5.5　与人的活动

　　人的活动是公共艺术和景观构筑物的设计中，必须要考虑的因素之一。人与环境的关系是塑造与被塑造的关系，即环境塑造了我们，我们塑造了环境。这就决定了在城市景观环境中人既是构成者又是体验者。公共艺术与景观小品与人们的日常生活紧密联系，以为大众服务为目的，人们是观赏者、使用者、体验者。但是，人对作品的参与活动并不是一个被动的过程。人们通过感知、想象、联想、体验等一系列积极参与活动对作品的形象加以完善和补充，并衍生出自己的观点和态度，在心理上人们的审美心理、好奇心理、文化背景、生活习惯等因素，成为吸引力的组成因素。

　　互动类和体验类的作品往往能够最大限度地调动人们参与的兴趣，使景观环境和人的关系更加紧密和熟悉，比如夸张可爱的动物雕塑或卡通人物总是会吸引儿童的注意；反光材质的公共艺术作品能够让所有经过这一作品的人们都成为其中的景色；多媒体影像与喷泉的结合在夏季则会吸引很多大人和小孩在那里嬉戏玩耍；一座楼梯造型的构筑物就会吸引人想要去攀爬；一个类似井口的装置会引起人们的好奇心，而走过去张望；一件音乐装置更容易引发人们参与；可以移动的装置会吸引人走过去推动等，这些有意识无意识的参与使得公共艺术和景观构筑物变化丰富。

图5-33　《平衡陶器装置》

　　该作品由韩国设计师团队Sanitas Studio设计，被安置在韩国釜山的松岛沙滩上，作品整体呈浅蓝色调，与碧海蓝天相映衬，这些陶器并不是静止和固定的，它们都可以活动，且材质独特，不易破损，就像大型的不倒翁一样不会被推倒，吸引了很多人前来参与互动

这种关系还表现在空间上的相对位置与组织结构，也是最基本的人的活动与城市景观的相互作用方式。在某个休闲广场上会散布着不同的人群，有的行走，有的停留，有小孩也有老人；这些人群因为各自不同的需求出现在广场上的不同位置，并与广场上的事物发生着不同的联系，比如需要消解疲劳或长时间等候的人们会选择坐在台阶、花坛和喷泉的边缘上、室外长椅或类似于凳子的物体上，而希望快速经过的人则会选择最短的或是受干扰最小的路线；人们有时更愿意在接近墙体或构筑物旁边站立是人类本能地在寻求心理上的依靠。因此，在进行设计时应考虑使用者的行为习惯和心理特征。

一件成功的作品不仅满足这些基本条件，也是具有足够的吸引力来引起人们参与的兴趣。互动类和体验类景观构筑物正成为现代景观设计追求的目标。因为只有良性的互动，才能够拉近艺术与大众之间的距离，培养起城市与市民之间的情感，才能实现艺术与大众真正精神上的"交流"，增加人们对于城市与民族文化的认知和认同感，进而在爱上这些艺术的同时，也爱上一座城市。

图 5-34　某广场上的公共交互装置

图 5-35　《皇冠喷泉》
　　坐落于芝加哥千禧公园的公共艺术与互动作品，由加泰罗尼亚艺术家约姆·普朗萨设计，2004 年 7 月启用

图5-36　《角落里的情节》（Corner Plot）

　　萨拉·施（Sarah Sze），位于美国纽约州国家科学院博物馆第五大道，2006

图5-37　位于澳大利亚Westfield购物中心的公共交互装置

思考延伸：

　　1.如何处理好城市公共艺术作品与城市公共空间系？

　　2.城市公共艺术与环境的衔接主要体现在哪些方面？

　　3.人的行为活动对城市公共艺术作品有哪些方面的影响？

第6章　城市公共艺术作品的风格

艺术风格是指在艺术实践中形成的相对稳定的艺术风貌、特色、作风、格调和气派。它是艺术家鲜明独特的创作个性的体现，统一于艺术作品的内容与形式、思想与艺术之中。艺术风格是艺术家走向成熟的重要标志，是衡量艺术作品在艺术上的成败、优劣的重要标准和尺度。

艺术风格可分为艺术家风格和艺术作品风格两种。由于艺术家世界观、生活经历、性格气质、文化教养、艺术才能、审美情趣的不同，因而有着各不相同的艺术特色和创作个性，形成各不相同的艺术风格。艺术作品风格是作品内容与形式的和谐统一中所展现出的总的思想倾向和艺术特色，集中体现在主题的提炼、题材的选择、形象的塑造、体裁的驾驭、艺术语言和艺术手法的运用等方面。

城市公共艺术作品风格呈现出多姿多彩、百花齐放的局面。本部分根据不同主题、不同艺术表现手法以及观看者欣赏等角度，将公共艺术作品的风格分为六种类型，包括突破地域限制的风格、引发情感共鸣的风格、带有隐喻性内涵的风格、注重视觉美感的风格、突出材料质感的风格以及强调装饰与趣味的风格，从而对公共艺术作品的风格进行大致的归类和总结。同时，随着艺术家和设计师的不断探索，还将不断出现各种各样新的风格类型。

图 6-1　《吐出墙外的书》（Biographies VI）

德国艺术家艾丽西亚·马丁（Alicia Martin）系列作品《Biographies》中的第 6 件作品，位于荷兰 Hague 的 Meermanno 博物馆。公共募捐的过千本废旧书从博物馆窗口"吐出来"，每个走上街头的人都被这具有视觉震撼力的作品所吸引

6.1　突破地域限制的风格

公共艺术从本质上是体现本土文化的，它体现一座城市空间的文化特征，是人文特征的体现，且具有环境的特殊性，同时，艺术家的创作个性及作品的相对独立性也是受地域文化影响的。因此，要真正理解一件异国他乡的公共艺术作品可能需要了解作品的创作背景，艺术家的创作理念等。但是，公共艺术作为一种公共的艺术表现形式和形式语言符号，又能够超越普通语言的限制，实现极强的传播性和表现力。这一类作品与音乐一样，不管是中国人、欧洲人或美洲人，抑或非洲人，不分语言，不分种族，不分贫贱与富贵，都能清楚地理解它们的含义。它们把人类看作地球主人，拥有全世界共通的主题，能够引起人类心灵共鸣，促进人类交流和人类文明的发展。

法国雕塑大师恺撒·巴勒达西尼（César Baldaccini，1921～1998）的著名雕塑《大拇指》，造型逼真，"拇指"向指甲面微曲，力量直注指尖，箕形的指纹、皮肤的纹理、关节的褶皱乃至于指甲的凹凸等细节纤毫毕现（见图6-2）。手是人类进化的杰作，人类用双手创造了文明，拇指在五指中最有力，这尊雕塑不仅颂扬了人的力量，同时竖大拇指的手势，几乎在世界公认表示好、高、妙、赞、一切顺利、非常出色等类似的信息。恺撒后来又用铜、铝等材料复制了8件，分别安放在巴黎、纽约、伦敦、东京等世界几个城市，以此进一步促进法国与各国的文化交流。

在联合国总部花园内，有一个近乎黑色的青铜雕塑，那是一把枪管被卷成"8"字形的左轮手枪，名为"打结的手枪"，是卢森堡于1988年赠送给联合国的。它的构思与造型十分奇特，寓意联合国的主要职责是"以和平的方式解决国际争端，维护世界和平"，符合联合国的宗旨，被展示在联合国

图6-2　《大拇指》
　　法国雕塑大师恺撒·巴勒达西尼
（César Baldaccini），位于法国巴黎拉德方斯新区，1967

图6-3　《打结的手枪》
　　英国艺术家巴巴拉·海普沃斯
（Barbara Hepworth），位于联合国总部花园前

总部的大门前。它站在全球的高度与全世界人类进行对话，提醒着人们战争带来的危害，应制止战争，禁止杀戮（图6-3）。

这类城市公共艺术作品往往能突破地域限制，时间、种族、文化、年龄、性别的限制，运用人们最熟悉、最直接、最易于理解的符号与形式表达情感和传递信息，受到全球范围内的观众的广泛理解和认可（图6-4）。

美国波普艺术家罗伯特·印第安纳（Robert Indiana，1928～）的作品构成多源于大众传媒、流行文化和商业广告这些非抽象表现主义的元素，他创作的"LOVE"雕塑已遍及全球各大城市，如纽约、东京、新宿以及我国的台北、上海、杭州等（见图6-5、图6-6）。"爱"是举世共通的语汇，这样的主题能够拆除东西文化、种族、本土与国际的藩篱，仿佛发声祈祝举世和平、共荣。同时关于"爱"的题材，也有多种艺术形式和介质可以表达（见图6-7、图6-8）。

图6-4　《气球狗》（Balloon dog）
美国当代波普艺术家杰夫·昆斯（Jeff Konns）

图6-5、图6-6　《爱》（LOVE）
美国波普艺术家罗伯特·印第安纳（Robert Indiana），位于美国宾夕法尼亚州费城，1975

图6-7、图6-8　《心迹》
美国纽约时代广场上为庆祝情人节设置的公共艺术作品

6.2　引发情感共鸣的风格

情感是人对客观事物是否满足自己的需要而产生的态度体验。情感包括道德感和价值感两个方面，具体表现为爱情、幸福、仇恨、厌恶等。情感是人适应生存的心理工具，能激发心理活动和行为的动机，也是人际交流的重要手段。情感性公共艺术往往能使人产生心灵上的触动，营造出富有感情色彩的空间氛围，使环境具有勾起回忆、引发情感体会的共鸣、激发想象等作用。

美国女艺术家罗西·赛迪夫（Rosie Sandifer）的作品《巢》由某美术馆短期出借作为公共艺术展览，它刻画的是一位母亲怀抱着女儿，母女相互依偎依靠，作品被安置在路边的长椅上，任何市民和观众都可以近距离欣赏，并体会到母女间的无限温情（见图6-9、图6-10）。

美国公共艺术家汤姆·奥特尼斯（Tom Otterness，1952~）是美国作品最丰富最优秀的雕塑家之一，他的创作过程和个人经历有诸多波折与挣扎，其创作形式在上世纪80年代以后逐渐明朗，找到了自己独特的风格。在其作品内容方面，他喜欢以叙述手法来表现作品，犹如电影里的一个个分镜头，作品中的人物形象以夸张的手法反映出人们喜怒哀乐等情感（图6-11）。

图6-9　《巢》
　　美国女艺术家罗西·赛迪夫（Rosie Sandifer）

图6-10　《准备阅读》
　　美国女艺术家罗西·赛迪夫（Rosie Sandifer）

图6-11　《痛哭的巨人》（Crying Giant）
　　汤姆·奥特尼斯（Tom Otterness），位于荷兰海牙，2002

　　另有一件名为《回家》的作品也是有关军事题材，作品纪念二战中归家的士兵与妻子和孩子紧紧相拥在一起，观看者能够体会作品所传达出一家团聚的无比激动与喜悦之情（图6-12、图6-13）。而澳大利亚国王公园（Kings Park）一组已经灭绝的动物双门齿兽相拥的雕塑也同样体现出无限的柔情（图6-14）。

　　这些作品无疑都是扣人心弦的，它们之所以打动人心是源于人类自身真实真切的丰富情感，情感性公共艺术就是通过艺术语言的情感性来表现思想情感与价值取向观念，让人们在欣赏过程中受到艺术的感染而产生情感上的共鸣，从而达到思想上的触动与升华。

图 6-12　《回家》
　　位于美国加利福尼亚州圣地亚哥，二战胜利纪念雕塑

图 6-13　南京大屠杀纪念馆前的公共艺术作品"啊，闭上眼睛。安息吧！可怜的少年！——一个僧人逃难的路遇"

图 6-14　《双门齿兽》
　　位于澳大利亚国王公园

6.3 带有隐喻性内涵的风格

隐喻是指在两种事物之间进行的含蓄比喻，用一种事物暗喻另一种事物，是创造性、语言、理解和思维的核心。在城市公共艺术作品中巧妙地使用隐喻，对艺术表现手法的生动、简洁、强调等方面起重要作用，比明喻更加灵活、形象。隐喻性内涵的公共艺术作品常常通过在"彼类"事物的暗示之下感知、体验、想象、理解、谈论"此类"事物的心理行为、语言行为和文化行为。

比如，德国艺术家爱华特·海格曼（Ewerdt Hilgemann1938~）一直迷恋"伪造的空气"，他使用不锈钢板焊接成集装箱式样，用工具和力量敲打成型，使其给人以"抽取"掉内部空气的形态，从而造成一种被雷击过或经历过爆炸一般的视觉效果。他说："对我来说，爆炸代表能量向内螺旋到达核心的物质的奥秘，能创造出极致之美。"通过这种扭曲被破坏的形态，传递给人们一种自然界力量的无限强大之意（图6-15）。

澳大利亚著名景点邦迪海滩上设置着一组由4m³的网状笼子构成的特别装置《21海滩单元》获得了国际公共艺术奖，网状笼子与周围海滩的环境形成剧烈的反差，笼子里除了蓝色气垫、海滩遮阳伞外还有令人不安的黑色塑料袋，虽然海滩上阳光明媚，参与者在其中仍然能够听到海浪拍打沙滩的声音，但却感受到被笼子束缚住的囚禁的心理暗示。作品将快乐与不安融合在一起，通过颠覆现实来揭示在平凡时的不安感。从更深层次看，作品还意在隐射当时澳大利亚的政治气氛，例如难民被拘留在国外的中转站、附近的克罗纳拉海滩上爆发的种族骚乱以及政府在移民问题上的僵化立场等，体现出强烈的批判现实的寓意（图6-16）。

图6-15 《伪造的空气》（Cerberus）
德国艺术家爱华特·海格曼（Ewerdt Hilgemann），位于德国柏林维尔默斯多夫，2000

图6-16 《21海滩单元》
德国艺术家格雷戈尔·施耐德，位于澳大利亚悉尼邦迪海滩

图 6-17　《种子载体》
乔恩·塔里（Jon Tarry），位于澳
大利亚珀斯机场附近

图 6-18　《滴落的骨质物》
亚 当·科 尔 顿（Adam Colton），
2002，位于荷兰库勒·穆勒艺术博物馆门口

图 6-19　澳大利亚麦克利兰雕塑公园中
的作品

图 6-20　《企业负责人》
特里·艾伦（Terry Allen），1991

图6-21 《两个烧焦的导管》
大卫·纳什（David Nash），艺术家
关注材料特性与形体关系，而非单纯几何
体，它象征诞生，成长，转化或死亡，超
越了内容本身

在瑞士的施恩赫雕塑公园（Sculpture at Schoenthal）中也有几件隐喻性的公共艺术作品。比如英国著名雕塑家托尼·克拉格（1949～）的堆石作品《侏罗纪景观》，看似一堆简单的石块，却好像承载了对生命轮回和历史变迁的无限感慨。奈吉尔·霍尔（Nigel Hall）的钢板雕塑《春天》将一个巨大的梳子横向放置，造成梳齿从地下向上生长的姿态，这是运用机械形式体现人类的创造力。大卫·纳什（David Nash）的《两个烧焦的导管》，手法简单明了，通过表现两颗烧焦的树干再现了自然界的悲剧，有强烈呼吁保护自然生态的社会作用（见图6-21）。

可以看出，隐喻性公共艺术往往采用一些简单的结构物和元素，通过合适的形态表现出作者的思想观念，人们往往需要细细体会才能理解其中含义，但正是这种含蓄的手法，才能够引发人们对作品进行深入思考。这也是隐喻性公共艺术的奇妙之处，体现了城市公共艺术能够引导人们反思和批判的价值。

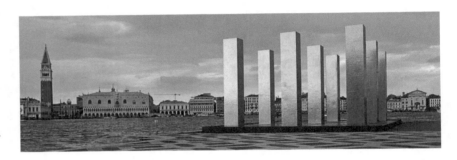

图6-22、图6-23 海因茨·麦克 2014
威尼斯建筑双年展作品

6.4 注重视觉美感的风格

美是人们对生活和自然的感觉，是一种抽象意识。城市公共艺术把美具体化，亲切化，生活化，深刻化。人的审美能力是与生俱来的，城市公共艺术作品只有符合大众视觉审美的基本要求，才能实现美化城市环境的价值。

在加拿大埃德蒙顿的Borden公园里竖立着一个色彩绚烂的亭子叫作《拱形垂柳》，作品由条纹鳞片结构组成，以三种不同厚度的鳞片原件用数字化的方式装配，突出接头彼此叠加，整体呈现出轻盈、超薄、自我支撑的结构特征，色调色彩源自直接接触的环境，蓝色和绿色与合成的洋红色相混合，经过纯度上的处理，使彩色亭子和周围公园景致呼应呈现出特别的美感（见图6-24、图6-25）。

英国欧威尔雕塑小道（The Irwell Sculpture Trail）是英国最大的区域性公共艺术项目，由本国和国际艺术家共同创建，有28件艺术作品围绕着一条38mi（1mi=1609.344m，下同）长的小路上展开。其中有一件作品叫作《在画里》，作者是查理·卡因克（Richard Caink）作品为一个传统的镜框矗立在草地上，镜框里呈现出山谷的美丽景色，作品把自然风景作为元素纳入到创作中，而传统的镜框总是与风景油画相联系，参观者不仅能从画框中看到山谷里的景色，也能联想到历史上这里曾今发生的一些故事。随着季节气候的变化，画框的"作品"也呈现出不同的美景，可以说是典型的以视觉审美为主题的公共艺术类型（见图6-26）。

《金色树木》的作者是英国艺术家汤姆·普赖斯（Tom Price，1956~ ）。他为伦敦西敏寺大法院的花园创作了一组富有意境的艺术装置，装置的主体是一棵跨度12m的树木，这棵使用青铜和塑料锻造的树木，其蔓延的枝桠自由奔放地穿梭在背后那一片绿油油的树篱中，闪耀着金光，创造出一片童话般的美丽图景。树下还有三块来自波西米亚北部的大石头，艺术家在这些切割石头的切面上镀上闪亮光滑的青铜，小朋友可以放心地在上面滑动和探索。整个作品从题材、质感到形式表现，无不透出对视觉美感的追求。

图 6-24、图 6-25 　《拱形垂柳》

图 6-26 　《在画里》
　　查理·卡因克（Richard Caink），位于英国欧威尔雕塑小道，1997

图 6-27、图 6-28 　《金色树木》
　　英国艺术家汤姆·普赖斯（Tom Price）为伦敦西敏寺大法院花园创作的一组有意境的艺术装置，2014

图 6-29　布满楼梯的折纸（左上）

图 6-30、图 6-31　《冬季站》
　　　　位于美国安大略省，2014

图 6-32　《永恒的日出》（Permanent Sunrise）（右上）
　　　　亚李珊德拉·波帕托（Alejandro Propato），位于阿根廷高堤诺海滩，2014

图 6-33　《圈风雕塑》（Circle Wind）（右下）
　　　　武藤敏郎，2008，位于美国怀俄明州基地"魔鬼塔国家纪念碑"

6.5　突出材料质感的风格

在城市公共艺术作品中把对不同物象用不同材质和技巧所表现的真实感称为质感。不同的物质其表面的自然特质称天然质感，如空气、水、岩石、竹木等；而经过人工的处理的表现则称人工质感，如砖、陶瓷、玻璃、布匹、塑胶等。不同的质感给人以软硬、虚实、滑涩、韧脆、透明与浑浊等多种感觉。

在公共艺术作品中，我们常见的材料主要有石材、木材、玻璃等，其中石材主要有花岗岩、大理石、青石、砂石等。设计者需要了解不同石材的颜色和属性，以便根据创作内容与形式进行选择，因艺施料或因料施艺。木材由于本身拥有自然纹理和清新香味，因此深受雕塑家们的喜爱。在室外环境选用木材创作公共艺术作品较少，因为它经日晒雨淋后容易开裂变形、发霉变质，经过防腐处理后，在室外条件下保存时间也不长，所以有不够永恒的局限性。玻璃是一种较为透明的固体材料，由于它的永恒性和挡风、遮雨、透光等特性，被广泛应用于建筑、科技、艺术以及生活用品等方面（见图6-34）。

复合材料不仅能通过各种工艺仿制所有传统材料，还可以利用不同的复合材料来产生不同的艺术语言和艺术效果。复合材料应用在公共艺术作品中出现最多的是混凝土、玻璃钢、复合铜、PVC（聚氯乙烯）、光导纤维等，随着人类科技的发展各种复合材料还在不断地开发利用中。

镜面反射装置是位于上海新天地的一个街头公共艺术作品（见图6-35、图6-36）。该作品位于马路和步行广场之间，与城市以及其中来往的人群发生着关联。这个30m长的公共装置是一整块造型扭曲反转的钢板，钢板表面做镜面处理，路过行人的身影会被反射。作品设计的初衷是希望将这个装置

图6-34　《再生玻璃户外雕塑》
　　Tom Fruin & Core Act 合作建造，位于捷克布拉格国家剧院外的装置作品

图6-35、图6-36　上海新天地商业街的镜面反光装置，2014

成为公共空间的一个焦点，能够吸引周围的公众，人们路过这里就像是在走秀，在这里看自己也看别人，看与被看发生崭新的关系，并产生一种全新的理解周围观点的方式。这个大型的反射装置将购物中心的地面、城市景观、过往的行人的关联成为一个运动的图景，对彼此间的关系做了全新诠释，在这一作品中，镜面不锈钢的特质也成为最为引人注意的特征。

　　奈德·康（Ned Kahn，1938～）是美国著名的环境艺术家和雕塑家。雾、风、火、光、土、水这些自然界中的基本元素，都是他的创作材料。他通过大量的技术手段，通过大型雕塑以及装置艺术将这些元素所带来的自然景观呈现在观众面前。他的作品《雨魔环》正展现了水的伟大力量。该作品位于新加坡滨海湾金沙，是一个天窗和雨水收集的集合体，内部有一个70ft直径的大碗和下降2层以下的游泳池。水直接放入碗内，1h内开启和关闭水泵几次，以便保持漩涡的形状和强度一直在发生变化，作品完成于2011年（图6-37）。

　　《树林旁》的创作者狄波拉·巴特菲尔德在蒙塔纳拥有自己的农场，他在训练马匹的时候获得了很多的创作灵感，他认为雕琢创作一匹生动的马和用驯养的方式"打造"一匹好马有着异曲同工之妙。早在1970年，巴特费尔德就已经开始尝试用不同的材料创作个性化的马匹雕塑，无论是木头、线绳、金属废料、泥土砖灰还是稻草，都让他的作品有着可圈可点的细节。《树林旁》在技术上来讲可谓精品，巴特费尔德选择用青铜材料仿制出木棍、树枝、树皮、石膏等材料的质感，制作出每块"零件"的形状后组接成

图6-37　《雨魔环》
奈德·康（Ned Kann）

图6-38　《高大的树木和眼睛》
安尼施·卡普尔（Anish Kapoor）的作品，位于英国皇家学院庭院内，2009

图6-39　《上帝我主》
亚历山大·利伯曼（Alexander Liberman），1971，位于风暴之王艺术中心

这个高大的动物。最后将每块"零件"分别上色，仿造出木棍树枝原始的样子。这种视幻觉的方法十分成功，因为许多来公园的游客都相信这匹大家伙是用真正的木头做成的。我国浙江玉环县大鹿岛雕刻是优秀的公共艺术代表作品，作者洪世清以"人天同构"的艺术创作观念，独自一人在小岛上居住生活，因此，他对于作品的深思巧构是顺乎自然的（图6-40）。他的创作坚持其独创的3个"三分之一"原则，即三分之一凭天成，三分之一靠人工，三分之一交给时间。对于大鹿岛岩雕作品均为海洋生物，包括海龟、海豚、海鱼、海虾、海蟹等，他采用不求形似但求神似的大写意手法，依据礁石悬岩的天然形态，因势象形，在艺术家眼里，每一块奇礁怪石都富有灵性，只需稍加雕琢便可以呼唤出它们的生命。岩石扎根在海角山林间，让观者在探险的途中无意间发现，便有了一番徜徉大自然的轻松与野趣。

随着时代的发展，艺术家们对现实生活的理解、思维方式的变化、观念的更新使当代公共艺术已经完全打破了材料和观念的限制，任何新科技、新能源、新材料都可以传达公共艺术语言。这些材料经过艺术家们有目的的特殊组合加工，而产生了审美价值、思想内涵或某种功能后，都可以成为公共艺术作品，这也是现代城市发展的必然趋势。

关注：
　　材料质感型的城市公共艺术作品往往也带有隐喻内涵的特点，材料本身特征与作品内容相融合，通过简洁纯粹的方式挖掘出更深层次的内涵，引人深省。对城市公共艺术作品风格的分类本身并没有非常严格的界限，而是在于作品带给观者最强烈的体会。

图 6-40　《海龟》
　　洪世清的中国浙江省玉环县大鹿岛岩石雕刻作品

图 6-41　《平均》
　　英国当代艺术家托尼·克拉格（Tony Cragg）6m 高的青铜作品，2014，位于德国波恩花卉市场（Remigiusplatz）

图 6-42　《渡船经营者》（Ferryman）
　　英国当代艺术家托尼·克拉格（Tony Cragg），位于意大利，1997

图 6-43　约克郡雕塑公园内的公共艺术作品

图 6-44　《旅行者》
　　杰夫·昆斯（Jeff Koons），位于华盛顿的赫希洪博物馆和雕塑园，1978

图 6-45　《克莱姆森泥巢》
　　巴伐利亚艺术家尼尔斯·尤杜（Nils-Udo）设计。夜晚它就像一个秘密花园，可以和家人或好友聊天、看星星，放松身心，低矮的光源更能够营造出静谧、稳定、放松的环境氛围

6.6　强调装饰与趣味的风格

　　装饰是指起修饰美化作用的物品。它是一种理想化的艺术表现，它不以"如实"地描绘大自然为目的，而是运用形式美的规律和法则、夸张变形的艺术手法，对自然界加以美的再创造，使之在形象、色彩、构图等方面由自然形态升华到艺术形态，在视觉艺术领域中获得广阔的新天地。装饰与趣味风格的公共艺术富有多元的艺术表现力，除了满足人们审美需求外，还把愉悦公众作为创作的出发点，它们具有亲切、幽默、充满生活情趣的特征，主题大多贴近人们的平常生活，它们比其他类型的公共艺术更易于理解，营造出一种轻松、愉悦、诙谐、有趣的公共空间。

图 6-46　奥德特雕塑公园内艺术家安妮·哈里斯（Anne Harris）的作品

图 6-47　《展开生活》（Unfolding Lives）
　　朱迪思·福雷斯特（Judith Forrest），位于澳大利亚

图 6-48　《管道工雕塑》
　　位于俄罗斯鄂木斯克公共艺术街

图6-49～图6-53　塔罗公园
　尼基·德·圣法尔（Niki de Saint Phalle）

装饰和趣味性公共艺术作品给公众创造了一个比较轻松和愉快的精神空间，能使观众在欣赏和参与之时会心一笑，为观众与公共艺术作品之间营造轻松、愉悦的氛围，使作品更具有亲和力。趣味性能够引发公众的想象力。

尼基·德·圣法尔（Niki de Saint Phalle，1930~2002）是法国新现实主义的代表艺术家。作为一名女性艺术家，她针对法国社会歧视女性的社会现象，创造了"娜娜"系列作品。尽管思想前卫，但这些造型夸张，充满趣味性和装饰性，色彩斑斓的女性雕像却受到了公众的喜爱，也随之成为了她标志性的艺术符号。1978年，她开始设计她的雕塑王国，当时她正对中世纪流行的占卜工具塔罗牌上的图形和符号着迷并以此为主题，创作了22座包括《愚者》、《女祭司》、《皇帝》、《恋人》、《命运之轮》、《死神》等与塔罗牌同名的大型雕塑作品，全部雕塑皆由彩色德聚酯纤维、玻璃、陶瓷碎片等材料拼贴而成，公园也因此被命名为塔罗公园（Tarot Garden）（见图6-49～图6-53）。

美国南达科他周蒙特罗斯有一个"搬运工雕塑公园"（Porter Sculpture Park），因为是由搬运工创立，里面矗立着许多金属制成的雕塑作品，比如《生命之歌》是一只坐在草地上孤独地吹奏着萨克斯的羊；《下雨天》是一个骷髅打着骨架的雨伞；《魔术师》是一个拄着拐杖、脸上布满补丁的小

丑。这些作品大都以动物为主题，造型和色彩上充满了幽默感和生活情趣。（见图6-54～图6-58）。

　　日本长崎县的小镇上可以发现很多水果造型的公交候车亭，包括西瓜、柠檬、草莓、橘子、番茄、甜瓜等造型，有16座之多。这些水果候车亭是1990年长崎县举行世界旅游博览会之际，为吸引游客而建的。一个个放大了的"水果"新奇可爱。实际上创意是来自景点童话《灰姑娘》中南瓜变成马车的故事情节。人们在这些水果候车亭里等待时，就仿佛来到了一个纯真的童话世界（图6-59、图6-60）。

　　装饰和趣味性公共艺术作品大多采用新奇、独特、夸张、活泼、可爱的艺术表现手法，作品一般蕴含一定的想象空间。因此，就审美欣赏的角度来说，人们可以根据自身的审美经验进行理解与想象，也可以通过参与性活动使作品具有新的状态和意义（图6-61、图6-62）。

图 6-54 ～ 图 6-58 搬运工雕塑公园里的公共艺术作品
　　韦恩·波特（Wayne Poter）

图 6-59、图 6-60 长崎县的水果候车亭

图 6-61   《VOLUME 6》
         澳大利亚街道社区公共艺术项目

图 6-62   加利福尼亚大学洛杉矶分校
（UCLA）校园内的熊雕像（熊是加利福
尼亚州的标志）

思考延伸：

　　1.怎样的作品可以被称为突破地域限制的风格？

　　2.不同风格的城市公共艺术作品具有哪些鲜明的特征？

　　3.城市公共艺术作品的风格与城市风貌有怎样的关系？

第7章 城市公共艺术与景观构筑物创作与设计原则

图7-1 美国哥伦比亚大学眼科专业学院前的雕塑

与其他艺术创作一样，城市公共艺术与景观构筑物的创作灵感也来源于生活实践。艺术家和设计师观察生活，从生活实践中发现灵感、收集素材、汲取养份，通过艺术构思和个人的表现形式将作品呈现在大众面前。同时，创作的首要条件是满足其"公共性"。"把艺术还原给社会"是公共空间和公共艺术的共同诉求，因此，对城市公共艺术和景观构筑物创作与设计，需要提出一些基本原则，包括：与环境的结合、符合大众审美需求，并保证创作的安全性、原创性和环保性。在满足这些基本原则的基础上，公共艺术与景观构筑物才能够更好地为公众服务，实现其自身的社会价值与意义。

7.1 公共艺术与环境结合

公共艺术与环境的结合是创作的首要原则，这不仅要求与作品与其所处空间环境相统一和谐，更重要的是能够发挥环境的优势，把握环境的历史文化特色，通过公共艺术的介入，强化和彰显环境的独特性。

图7-2、图7-3　斯特拉文斯基喷泉

公共艺术作品的创作需考虑不同环境的不同要求：公园草地、社区庭院、学校校园、城市广场、商业中心、交通空间等，以结合环境的不同特征与要求，设置不同的作品。

校园环境里的公共艺术更多考虑的是架构起适合校园的带有学术性、研究性、探索性、科学性等的精神领域，尤其是一些历史悠久的大学院校内，公共艺术作品毋庸置疑是学校气质和公众记忆的代表。经典的校园公共艺术作品不只是属于校园本身的历史财富，也是面向公众的文化符号。比如麻省理工大学校园的雕塑《Man of Knowledge》；哥伦比亚大学工学院门口的《铁匠》雕塑、哲学系门口的《思想者》等。

城市广场的公共艺术作品与环境结合，则需考虑与建筑的协调呼应上。如位于巴黎蓬皮杜艺术文化中心与圣梅利教堂之间的斯特拉文斯基喷泉（La Fontaine Stravinsky，图7-2、图7-3）是法国著名艺术家尼基·德·圣法尔（Niki de Saint Phalle，1930～2002）与尚·丁格利（Jean Tinguely，1925～1991）的作品。他们借由这个喷泉表达出作曲家斯特拉文斯基的音乐风格。不锈钢和塑料等材料构成的雕塑，有横卧的美人鱼、站立的鸟头人身像、展翅的鸟、盘旋的蛇、伸长鼻子的大象和充满生气的骷髅头等，不拘一格的风格，与相邻的高技派风格蓬皮杜艺术文化中心的建筑很好地融合、呼应；也与周围的古典风格的教堂建筑形成一种微妙的对比关系，因而成为一处令人难舍的胜景。城市公共艺术作品不仅体现其自身的魅力，同时展现出与周围环境呼应表现出的美感，更能给人带来生活的新体验。

图 7-4　《收割机》（Reaper）
杰米·巴伯（Jamie Barber）

图 7-5　阿尔德·盖特伦敦金融城的雕塑作品

图 7-6　英国威尔士大学内的雕塑

图7-7 《旋风扭》（Cyclone Twist）
爱丽丝·爱可可（Alice Aycick），
纽约公园大道第57街，2013

新型的商业区中对于公共艺术的规划通常与区域规划一同展开，结合建筑和商业景观环境，从一开始就考虑区域人文环境的营造，以实现人性化的现代商业理念。比如美国艺术家爱丽丝·爱可克（Alice Aycick）为纽约公园大道创作的一系列的电动金属刀片雕塑作品，旋转而极富动感，以其独特的方式融入现代综合商业中心，展现出奇妙的艺术气质（见图7-7）。然而，在我国的商业老街中比如上海的南京路步行街、北京的王府井、成都的宽窄巷子中设置的公共艺术则着重于体现商业街的历史文化和生活情趣，常见的有以人物情景或者是一些吉祥和财富的主题。这些都与城市人文历史环境息息相关。

居住社区中的公共艺术是最贴近人们生活的艺术设置，它通常彰显着一个社区的场所精神，以一种更为生活化、更亲切的方式融入街道生活，比如《深圳人的一天》这样的作品。还有一些创作与社区户外生活设施相结合，比如儿童游戏场所、街道休息长凳、主题喷泉、健身运动器材等。

公共艺术作品与环境的结合也可以体现在对于本地盛产的资源和材料的利用上，通过本土材料的使用来创造出与环境融为一体的公共艺术作品。比如捷克首都布拉格的郊区有一座石头山，山上出产一种捷克特有的棕色沙石，这种沙石质地严密，适合雕凿成型，也由于这种特殊的地质资源，这座城市中有一座百年历史的，以石雕技艺为特色的美术学校，每年还要举办一次国际石雕比赛。各国参赛艺术家就在山上进行创作，作品完成以后就留在山上，因此形成了一个颇具规模的国际雕塑公园，整体上则与自然山坡环境浑然一体。

由此可见，公共艺术作品与环境结合的方式是多种多样的，只有充分的考虑到环境因素，才能使公共艺术作品实现其价值。

图7-8 格林纳达水下雕塑公园的作品

7.2　符合大众审美观与形式美的法则

　　公共艺术的创作受制于大众审美的需求，因此，把握美的规律是公共艺术创作的基本原则。对于视觉美感的把握主要取决于艺术家和设计师的感觉，同时，也需要掌握一些基本的美的形式法则。形式美法则是人类在创造美的形式、美的过程中对美的形式规律的经验总结和抽象概括。主要包括对称与均衡、节奏与韵律、对比与调和、变化与统一、层次与质感等。

　　均衡与对称是创作构图的基础，主要作用是使作品具有视觉上的稳定性。稳定感是人类在长期观察自然中形成的一种视觉习惯和审美观念。因此，凡符合这种审美观念的造型艺术才能产生美感，违背这个原则的，看起来就不舒服。

　　在公共艺术创作中，对称与均衡所产生的视觉效果是不同的，前者端庄静穆，有统一感、格律感，但如过分均等就易显得呆板；后者生动活泼，有运动感，但有时因变化过强而容易失衡。因此，在设计中要注意把对称、均衡两种形式有机地结合起来，灵活运用。比如艺术家布莱恩·泰德里克（Bryan Tedrick，1955~）的作品中通过营造平衡空间获得一种特别的"情绪和感觉"（图7-9~图7-10）。他喜欢在安静的时刻思考和创作，没有人打

图 7-9　《鹰》（Eagle）
　　布莱恩·泰德里克（Bryan Tedrick），位于美国内华达州黑岩沙漠，2008

图 7-10　《太空牛仔》（Space cowboy）
　　布莱恩·泰德里克（Bryan Tedrick），位于美国加利福尼亚州

图 7-11　《耳朵》（Trunnion II）
　　戴尔·格雷厄姆（Dale Graham），位于美国芝加哥斯科基北岸雕塑公园

图 7-12　《拉索特》（La Souterraine）
　　罗伯特·斯马特（Robert Smart），位于美国芝加哥斯科基北岸雕塑公园

图7-13 《钟表》（Like Clockwork）
山姆·斯宾卡（Sam Spiczka），位于美国芝加哥斯科基北岸雕塑公园

图7-14 纽约校园雕塑
路易丝·奈维尔森（Louise Nevelson），位于美国纽约暴风国王艺术中心，1986

图7-15 《氛围》（Atmoshere and Environment XII）
路易丝·奈维尔森（Louise Nevelson），位于美国费城博物馆，1970

扰，置身于自然之中，他才能静下心来去感受平衡的空间、质量、质地、颜色、线条、图案、重量和比例等让视觉参与的乐趣，视觉和心理上的和谐是首要，分析是次要的。

对称往往能够给人以稳定、沉静、端庄、大方的感觉，产生秩序、理性、高贵、静穆之美。体现了力学原则，是以同量不同形的组合方式形成稳定而平衡的状态。对称的形态在视觉上有安定、自然、均匀、协调、整齐、典雅、庄重、完美的朴素美感，符合人们通常的视觉习惯。而均衡是一种自由稳定的结构形式，一件作品的均衡是指其上与下、左与右取得面积、色彩、重量等在体量上的大体平衡。

对比是差异性的强调，调和是近似性的强调。对比的因素存在于相同或相异的性质之间。也就是把相对的两要素互相比较之下，产生大小、明暗、黑白、强弱、粗细、疏密、高低、远近、动静、轻重等对比。对比的最基本要素是显示主从关系和统一变化的效果。调和是指适合、舒适、安定、统一，使两者或两者以上的要素相互具有共性。对比与调和是相辅相成的。

节奏与韵律是来自音乐的概念。节奏是按照一定的条理秩序，重复连续地排列，形成一种律动形式。节奏在公共艺术中是通过线型、色彩、体块、方向等因素有规律地运动变化而引起人的心理感受（图7-13～图7-15）。它有等距离的连续，也有渐变、大小、明暗、长短、形状、高低等的排列构成。韵律是富于变化的节奏，是节奏中注入个性化的变异形成的丰富而有趣

味的反复与交替，它能增强版面的感染力，开阔艺术的表现力。比如美国艺术家芭芭拉·格瑞格提斯（Barbara Grygutis）的大型灯光雕塑追求的是一种节奏的序列感。而苏格兰艺术家克里斯·拉博瑞（Chris Labrooy）《汽车弹性》系列作品，运用拉伸、扭曲和旋转等方式，体现另一种奇特的韵律感。这些充满活力又略带奇怪的扭曲皮卡，像是在讲述一个故事或是在描绘一种状态。他采用虚拟3D设计表现自己想象的空间，超越固有形态、原有功能，形成一个无法辨认的比例（图7-16～图7-18）。

　　研究、探索形式美的法则，能够培养人们对形式美的敏感，指导人们更好地去创造美的事物。掌握形式美的法则，能够使人们更自觉地运用形式美的法则表现美的内容，达到美的形式与美的内容高度统一。艺术作品的一般形式美感是带有普世价值的观念，也是能够被公众普遍接受的审美观念，也是作品所应该具备的公共性原则之一，而仅仅表达艺术家个人喜好，不顾及公众的普遍审美观念，甚至以表达丑陋、反社会人格等以博得他人关注的艺术观念与主张，都必须彻底摒弃。

　　变化是一种智慧、想象的表现，是强调种种因素中的差异性方面，通常采用对比的手段，造成视觉上的跳跃，同时也能强调个性。统一是一种手段，目的是达成和谐。使公共艺术创作达到统一的方法是保持构成要素要少一些，纯粹一些，组合形式可以有丰富变化。统一的手法也可以借助均衡、调和、秩序等形式法则。新西兰艺术家菲尔·普里斯（Phil Price，1965～）

图7-16、图7-17、图7-18　《汽车弹性》
克里斯·拉伯瑞（Chris Labrooy）

的巨大风能雕塑《Sanke》正是一种在变化中产生能量与智慧的完美体现。他的作品高大坚固，电机和普通的风力发电机没什么两样，而上端产生风能的部位却犹如破土而出的新生命，有着极其强韧的生命力，给人们带来一种生命的正能量。作品最主要的动力形式是风能，也就是说他创造的都是可以产生能量的雕塑，而他的作品《睡眠》（Morpheus）也在2009年的澳大利亚海滩艺术节中获得最高奖项（见图7-21~图7-24）。

7.3　创作的安全性原则

注重作品的安全性是公共艺术和景观构筑物设计最基本的原则之一，它包括对构筑物承载力、材质性能和质量、防水、防滑、防火、防触电、防光污染等方面的关注与考虑；甚至还包括对其可能存在着的潜在的危险的考虑，如设置在城市街道区域的公共艺术作品是否有影响公共交通与行人通行

图7-19、图7-20　澳大利亚悉尼邦迪海滩雕塑作品

图7-21　《蛇》（Snake）
　　新西兰艺术家菲尔·普里斯（Phil Price），巨大风能雕塑彰显美丽与科技的结合，位于澳大利亚邦迪海滩，2013

的隐患，在道路转角处是否会遮挡行驶车辆视线以造成交通事故等。由于不同场所、不同类型的构筑物和公共艺术设计，在安全性上的要求是不同的，因此在设计前不仅需要高度的安全设计的意识，还需要仔细查阅相关设计标准及规范，并以此作为设计的重要依据。比如：在进行公园景观构筑物或公共艺术设计时，应依据《公园设计规范》（CJJ48—92）中的相关详细规定，如亭、廊、花架、敞厅等供有人坐憩之处，不采用粗糙饰面材料，也不采用易刮伤肌肤和衣物的构造；叠山、置石和利用山石的各种造景，必须统一考虑安全、护坡、登高、隔离等各种功能要求；公园内的示意性护栏高度不宜超过0.4m；儿童游戏场内的构筑物及设施室内外的各种使用设施、游戏器械和设备应结构坚固、耐用，并避免构造上的硬棱角；人工水体应防止渗漏，瀑布、喷泉的水应重复利用。喷泉、水景构筑物或人工水体的公共艺术设计可参照《建筑给水排水设计规范》、《城市污水再生利用　景观环境用水水质》（GB/T 18921—2002）等相关标准和规定。诸如此类相关标准和规

图 7-22　《动感雕塑》
　　　菲尔·普里斯（Phil Price），位于澳大利亚墨尔本麦克莱兰画廊

图 7-23　《细胞核》（Nucleus）
　　　菲尔·普里斯（Phil Price），位于丹麦奥胡斯海滩，2006

图 7-24　《细胞质》（Cytoplasm）
　　　菲尔·普里斯（Phil Price），位于新西兰奥克兰怀特玛塔广场，2003

范还有《环境景观室外工程细部构造》（03J012-1）、《环境景观—绿化种值设计》（03J012-2）、《环境景观亭廊架之一》（04J012-3）、《环境景观滨水工程》（10J012-4）、《景观装饰用LED灯具》（DB35/T 811-2008）等，设计师和艺术家还需要根据设计作品的不同材质、不同类型进行有针对性的查阅。在满足相关标准和规范要求的同时，作品也就具备了较高的可操作性与安全性，确保了后期能够比较顺利地实施。

7.4　创作的原创性原则

公共艺术和景观小品的创作关键在于展现艺术家和设计师艺术风格的独特性，应避免"千篇一律"、"千城一面"的景观现象。一件作品的创造过程也是作者对文化内涵不断挖掘、提炼、整合、升华的过程，不仅反映一个地区的文化历史、社会生活、自然环境等各方面的特点，也反映了艺术家和设计师的个性特点（图7-25）。

原创性是指作品的首创性，而非抄袭或模仿，在内容和形式上都具有独特的个性，作者能够"发前人所未发，想前人所未想"。但原创性并不代表提倡毫无理由的异想天开，在艺术和设计领域里寻找新的方向与在科学领域寻求突破一样，也是鼓励"站在巨人肩膀上"的学习和工作方式，对前人留下的很多宝贵的知识和经验的理解和吸收，能够让我们看得更高更远。因此，广泛阅读和浏览国内外优秀的作品是很有益于创作与设计的。从这个角度就可以把原创性理解为艺术家和设计师不断探索自我和完善自我的过程。原创性并没有与作品的可复制性相对立起来，正相反，通过正当复制和赠送等方式不仅扩大了艺术家和设计师的影响力，也增加作品的自身价值。2004年法国收藏家伊曼纽尔·伽弗戈将罗丹的《思想者》捐赠给了上海文化发展基金会，并屹立在新落成不久的上海图书馆前。美国波普艺术家罗伯特·印

图7-25　《思想者》
　　奥古斯特·罗丹（Auguste Rodin，1840～1917），位于法国巴黎罗丹美术馆，创作于1880～1900

图7-26　《观测台》（Observatorio De La Imaginacion）
　　路易斯·托鲁拉（Luis Torruella），位于美国芝加哥斯科基北岸雕塑公园

图7-27　《在波斯尼亚犁地和种植》Plowing and Planting in Bosnia
　　吉姆·博纳克鲁斯（Jim Buonaccorsi），位于美国芝加哥斯科基北岸雕塑公园

第安纳（Robert Indiana，1928～）创作的"LOVE"雕塑已遍及全球各大城市，这说明它作为一种举世共通的艺术符号语言，已经受到全世界范围内人们的普遍认可与喜爱。

关注：
　　城市公共艺术创作的原创性是促进其发展的原动力，也是最具挑战的工作。通常艺术家和设计师从生活中总结经验，寻找设计灵感，也可以通过从场地考察中提出问题，到解决问题的思路与创作灵感。

图 7-28　《翅膀》（Wing）
　　安德烈·罗博斯克（Anerei Rabodzeenko），位于美国芝加哥斯科基北岸雕塑公园

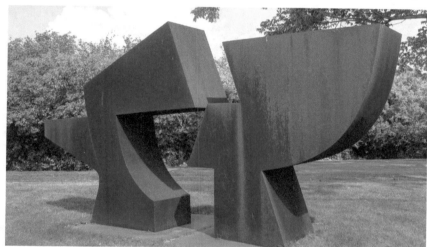

图 7-29　《Gapingstock》
　　吉姆·阿加德（Jim Agard），位于美国芝加哥斯科基北岸雕塑公园

图 7-30　《维护龙树》（Dragon Tree of Maintenance）
　　鲍勃·里维拉（Bob Rivera），位于美国芝加哥斯科基北岸雕塑公园

图7-31～图7-35　英国约克郡雕塑公园（Yorkshire Sculpture Park）内的作品

图 7-36 ～ 图 7-40　澳大利亚邦迪海滩
（Bondi Beach）上展出的作品

图 7-41、图 7-42　《软跷椅》充电站
　　该作品在美国麻省理工学院 150 周年校庆的"艺术＋科学＋技术"展览展出。它利用人体的力量平衡，创造一个互动的太阳能追踪系统，利用太阳能来给计算机等电子产品充电

图 7-43　《绿窗》
　　建筑师卡萨诺瓦和埃尔南德斯，位于瑞士洛桑，2009

图 7-44　法国巨人花园中的装置

7.5　创作的环保性原则

　　人类因对自然的过度索取和改变导致生态环境的破坏，使其自身的生存屡屡遭遇危机，保护环境已成为关系人类未来命运的当务之急。艺术作品体现环保的主题对于城市和人类发展而言是相当重要的原则。环保性的要求是站在更长远的角度看待作品的创作与设计。公共艺术和景观构筑物在创作和建设过程中自身所表达出对环境保护的关注同样也是这个范畴中的一项重要内容。我们要求它的创作与建设过程都能基于绿色设计和可持续发展理念。绿色设计即在产品整个生命周期内，着重考虑产品环境属性（可拆卸性、可回收性、可维护性、可重复利用性等）并将其作为设计目标，在满足环境目标要求的同时，保证产品应有的功能、使用寿命、质量等要求。可持续发展要求人和环境的和谐发展，既能满足当代人需要，又兼顾保障子孙后代永续发展需要。

　　公共艺术创作的环保性原则一个重点方面体现在对材料的选择与运用上。不同材料对环境影响程度不同，在创作中应尽量选用环保材料，其中常用材料有石材、木材、玻璃钢、青铜、耐候钢板等，应避免使用对生态环境危害、人体健康危害和资源能源损耗的材料。比如街道家具等尽量采用环保涂料。同时，对本地材料的使用也是环保性的另一方面，这也是已经被列为诸如"LEED认证"（它由美国绿色建筑协会颁发，是目前国际上最为先进和最具实践性的绿色建筑评分体系）等绿色建筑评估体系的重要因素之一。本地材料的使用常常会达到很好的景观效果，它不仅具有较高的耐候性、经济性、实用性，也能与自然环境形成较好的统一协调。在公共艺术创作中能够被广泛采用的本地材料包括各种易于获得的石材、经济性木材、竹材和其他不致破坏生态的材料等。

　　环保性也体现在对节能技术的运用上，比如在景观灯具上采用太阳能、风能等可循环能源、雨水回收利用于水体景观，合理使用透水砖、植草砖等。如成都的活水公园将雨水有效地收集起来，形成景观水景的同时减轻了城市排水系统超负荷的状态。对于施工过程进行有效的管理也是环保意识的体现，应避免扬尘污染和噪声污染以及对施工产生的固体废物应及时清运。

　　绿色环保不仅是设计原则，也是创作设计的目的，用来提醒人们养成环保意识和尊重自然的习惯。比如法国里昂巨人花园中的景观墙上种植着绿色植物，巨人头像由藤条编织而成，仿佛随机散落在花园内，上面布满藤本植物，公园内的景观构筑物几乎都与植物结合在一起，随着植物的生长形态产生变化。步行道把草地和湿地分隔开，构成一个个不同特色的种植区域，给休闲游玩的人们不同的视觉享受，池塘用来观赏和收集雨水，也有些小动物栖息在这里。公园整体的设计都非常注重对环境丰富性、多彩性的营造，保持自然的野趣，人们被植物所包围，置身于其中能够深刻体会到大自然的无限美妙。

　　一般来说公共艺术并不具备从根本上改善地球环境的力量，但通过艺术创造提倡环保观念，或者借助艺术手段打造良好生态环境，是当代公共艺术能做到的极有意义的事情。

图 7-45 ～图 7-48　法国巨人花园中的装置

图7-49 美国哥伦比亚大学校园内托尼·史密斯（Tony Smith）的抽象雕塑

图7-50 美国斯坦福大学内的公共艺术作品

思考延伸：

1. 为什么要遵守城市公共艺术作品创作的基本原则？

2. 城市公共艺术作品原创性主要体现在哪些方面？

3. 如何实现城市公共艺术的环保性？

第8章 城市公共艺术与景观构筑物设计程序与方法

8.1 设计工作内容及特点

城市公共艺术和景观构筑物设计的基本内容是依据城市建设发展目标和环境保护要求，根据区域景观环境的空间设计要求，在充分研究城市的自然、文化、社会和技术发展条件的基础上，确定设计定位、主题、类型、风格，选择创作思路、手法、材料，按照工程技术和环境的要求，综合考虑目标人群的审美需求，生理与心理需求，提出具体的设计方案。具体的创作和设计过程通常包括以下几个方面：第一，收集和调查基础资料，研究满足城市景观和空间发展目标的条件和措施；第二，确定创作原则，制订设计程序与步骤；第三，创作方案设计、比选及成果提交；第四，根据建设的需要和可能，提出实施措施和步骤。

由于每个城市的自然条件、现状条件、景观营造规模和速度各不相同，公共艺术作品的创作设计内容应随具体情况而变化。在新建城市或区域中，公共艺术的建设应纳入城市设计和景观营造的整体规划中，从而形成良好的城市公共空间视觉系统；而对于既有城市或旧城区的改造建设，在设计时要充分结合原有的空间秩序和环境特征，依托现有建筑物和构筑物，有计划地增添新的作品，使新、老景观环境能够协调发展。

图8-1 重庆万科凤鸣山公园景观设计
玛莎·施瓦茨（Martha·Schwartz）
设计团队，2013，重庆

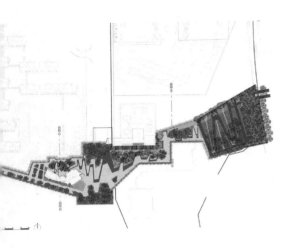

图 8-2～图 8-5　重庆万科凤鸣山公园景观设计

　　山城重庆的地形较为特殊,高差明显,会对人们的出行造成比较大的影响。但是这同时也为人们从公园路口到万科售楼中心的路程提供一种独特的景观特点。设计师就是从重庆的地形特点获得启发,设计出一座座山形的景观雕塑

性质不同的城市中,其公共艺术和景观构筑物的设计内容有其各自的特点和重点。如果在历史文化名城要充分考虑与街区、建筑的协调和地方特色的体现;在风景旅游城市中,作品设计应考虑对风景资源的保护和开发,结合旅游设施,符合风景点布局和旅游线路组织要求,为游客服务,且具有提示生态环境保护的意义。在大城市的各种不同性质的公共空间中,其特点和侧重点也是不同的。社会因素也是创作应当考虑的重要问题,城市中不同职业、不同收入水平、不同文化背景的社会团体不同的意识形态和社会需求,也应在设计中予以高度重视。

　　总之,必须从实际情况出发,既要满足城市公共艺术和景观构筑物设置和设计的普遍规律和要求,又要针对每个城市和不同场所的不同性质、特点和问题来设计创作方案。

　　由于城市空间的综合性与复杂性,城市公共艺术和景观构筑物设计创作涉及社会、经济、技术和艺术,以及人们生活的各个领域,为了对其工作性质有比较确切的了解,必须进一步认识其特点。城市公共艺术和景观构筑物设计创作是综合性的工作。设计创作需要对城市公共空间的各项要素进行综合考虑,比如建筑布局形式、建筑风格特征、城市整体风貌、园林绿化的布局等,需要从建筑艺术的角度来研究处理;作品的设计创作会涉及材料、结构、力学、物理、化学等问题,需要在科学与技术方面开展工作;作品的表达方式会涉及尺度比例、形式构成、色彩运用等,需要从艺术美学方面予以解决;作品的建设也涉及许多方面的问题,比如场地的水文、气候、工程地

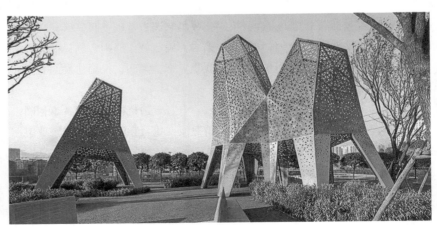

质，又涉及大量的工程技术工作。这些问题都密切相关，不能孤立对待。这不仅反映公共艺术设计创作的要求，也表现出其具有平衡城市设计各环节之间关系的作用，工作者应具备广泛的知识，树立全面观点，具有综合工作的能力。城市公共艺术和景观构筑物设计创作具有地方性。其目的是增加社会认同感，活跃人们的生活，丰富精神文化。因此，要根据地方特点，因地制宜地进行设计创作。在工作过程中，既要遵循城市景观设计的科学规律，又要符合当地条件，尊重当地人的意愿，使创作和成果成为市民参与和认可的作品。

8.2　背景条件诸因素综合分析

调查研究是城市公共艺术与景观构筑物设计创作必要的前期工作，设计创作前必须要弄清楚城市发展的自然、社会、历史、文化背景以及经济发展状况和生态条件，找出公共空间具备的优势、劣势、存在的矛盾和需要解决的问题，没有扎实的基础调研工作，就不可能正确地认识对象，也不可能制订正确合适的、大众普遍能够理解和接受的创作方案。实际上，调查研究的过程也是对设计创作方案的酝酿过程，必须引起高度的重视。

调查研究是对城市公共空间从感性认识上升到理性认识的必要过程，调查研究所获得的基础资料是设计和创作的重要依据。公共艺术创作看似十分感性与个性化，但实际是讲究合理的工作方法，要有针对性，切忌盲目烦琐

图 8-6、图 8-7　《方庭》（Square Garden）
王昀设计。是由 36 个 60cm 见方的白色和镜面方体的矩阵，组合成一个正方形的庭院，安置在处女花园绿色的草坪上

和过度体现个人创作风格。

调研工作分为以下几个方面。第一，现场踏勘。设计师和艺术家必须对作品所在的城市风貌、公共空间情况和现有的构筑物等设施有明确的形象概念。第二，基础资料的收集与整理。主要应取自于当地城市规划部门积累的资料和有关主管部门专门提供的专业性资料。第三，分析研究。这是调研工作的关键，将收集到的各类资料和现场中反映出来的问题，加以系统地分析整理，找到合适的设计理念和创作切入点，这是设计创作方案的核心部分。

对工作对象的背景情况了解得越多，研究得越深入细致，准备工作越充分，设计方案和决策越合理，越有说服力。对于涉及较大区域或占地面积巨大的项目，这种调查的基础工作要求则更加复杂和细致。为了提高工作的质量和效率，可以采用各种先进的科学技术手段辅助调查研究，比如数据处理、检索、分析判断工作，甚至可以用航测图和遥感技术等，以准确判断出地面上的现状建筑物和构筑物的位置，空间和街道的形态特征，同时描绘出周边的绿化覆盖、环境污染情况等。一般来说，设计创作所需的基础资料包括以下部分：①与建设有关的地质勘察资料，比如所在区域的地质构造、地面土层的物理状况、基地承载力、水文地质以及地质灾害相关资料；②城市空间测量资料，比如所在区域的建筑布局及尺度以及所在公共空间的各种比例尺的地形图等；③气象水文资料，主要包括温度、降水、风向、风速、日照、冰冻等以及所在区域的水位、水量、洪水淹没线，周边河流河道相关规划等；④所在城市公共空间的历史及人文资料，主要包括其历史沿革、城市

图 8-8　《警方航空》（Aeropolis）
　　该作品是一个充气巡演结构，在2013哥本哈根大都市节中13个不同的地方进行巡展。可巡展的充气结构有很多有趣的，这些充气结构就像儿时记忆中的马戏团充气帐篷那样，总能带来惊喜与期盼

规划历史、风土人情、文化习俗等基础资料；⑤周边交通道路资料，主要包括涉及的城市道路及交通设施，及其对周边区域景观和环境影响等；⑥建筑物现状资料，主要包括现有主要公共建筑的分布情况、建筑风格、建筑高度、密度、外立面特征、建筑质量，以及优秀的历史建筑等；⑦景观现状资料，主要包括园林绿地的面积尺度、形态风格、植物现状、现有景观设施、文物古迹、构筑物品质等；⑧相关人群资料，主要包括所在区域的常住人口、人口的年龄构成、劳动力构成、行为习惯、休闲娱乐方式等。

8.3　创作设计程序与步骤

经过详细的调查研究，设计创作进入核心工作阶段，即方案设计阶段。这个阶段可以概括为以下各部分的内容：创作与设计定位、创作与设计概念的确立、创作设计效果图或模型、创作设计方案的评估比选、细部的创作设计、设计修改、大比例模型的设计制作。

创作与设计定位是指明确创作设计的目标和目的，是设计工作的开始，对设计工作的展开具有指导性的意义。经过详细调查研究，在对资料和信息的梳理、分析和总结的基础上获得的一个结论，提供一个明确的设计创作方向，使设计师和艺术家的最终成果能够符合未来观赏者和使用者的视觉审美

图 8-9、图 8-10、图 8-11 《警方航空》
（Aeropolis）

人们可以进入到 Aeropolis 中，进行小型演奏会，交流或者嬉戏。Aeropolis 在城区中为古老的城市注入了看不见但明显存在的活力与新生命

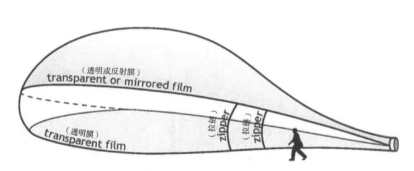

图 8-12　斯坦福大学图书馆喷泉景观

图 8-13　《舞者》
　　杰里·丹尼尔（Jerry Daniel）

和行为活动需求。

创作设计理念是作品构思过程中所确立的主导思想，它赋予作品文化内涵和风格特点。好的创作设计概念不仅是作品的精髓所在，而且能使作品达到个性化、专业化和与众不同的效果。从不同角度切入，可以寻找到不同的创作设计概念，它的确立是设计师和艺术家创造性思维的展现。创作设计概念的确立为下一阶段的方案设计提供创作思路和依据，它通常是一种容纳创作精神和灵魂的抽象性的描述。它包含着设计师和艺术家创作的观念与态度，可以是对现状问题的解决、质疑、思考，可以是对环境问题警示、反思，也可以是对未来生活方式的引导、启示，或者仅仅是为了打破单调的空间秩序，愉悦人们的生活。而为了辅佐这一个过程，艺术家和设计师往往采用不同的草图、示意图，甚至简单的模型或泥稿等来记录或表示这种概念性的结果。

接下来的工作是对创作设计概念的具体的表现，是对创作思路的具体表达方式和存在方式的详细构思，以及更加具体、细致的表达。主要包括作品设置的具体位置的确定；考虑公共空间的关系；构想、推敲作品的造型、尺寸、材料质地、色彩等。创作设计过程是极具创造性和挑战性的工作阶段，需要大量好主意和好点子相互碰撞，然后落实到具体实物造型与空间设计上，它考验设计师和艺术家对空间经验、艺术感觉以及各方面的综合素质。同时，设计方案的表达对项目的实施具有重要意义，这个阶段的工作的结果往往可以通过不同的方式来表达，徒手绘制的草图、各种不同材料制作的模型（黏土、油泥、泡沫塑料等），设计效果图是对设计方案的虚拟现实的效果展现，通过图像等媒介来表达作品预期能够达到的效果。通常可以通过计算机三维仿真软件技术来模拟作品以及环境，并获得高仿真的虚拟图片，以得到接近真实的场景体验和感受，从而进行设计方案修改的推敲。这一阶段工作的实质，就是将艺术家和设计师构想的作品以具象的方式呈现出来，并将其以尽可能接近真实环境的方式表达出来，以供下一步方案评估或评审。

方案评估比选阶段也是初步设计和创作成果的展现阶段。设计方案的比较与选择，是寻求合理的经济和技术决策的必要手段，也是投资项目评估的重要组成部分。作为城市公共事业一部分的公共艺术作品创作，往往是通过向社会征集设计方案的方式来进行的，或以公共竞赛、招标的形式来确定项目的委托过程。所以方案的评选（或评标）是一个必须的过程。同时这一过程也能反映出委托方和未来使用者对于前期工作和设计意向的认可度和满意度。另一方面，一个好的创作设计的概念往往能够延伸出几个不同的设计方案，每个方案的风格和特点各不相同，各有其优势和劣势。这也可以通过创作设计方和有关部门对此进行评估比选，比选所包含的内容十分广泛，既包括创作构思、思想内涵、技术水平、建设条件等的比选，同时也包括社会效益、环境效益的比选；不同的项目根据其关键因素和指标的设定，进行全面的比较评估，从而选出一个最理想的方案。方案评估比选的过程也是对创作设计方案的实践检验，是方案不断取长补短、完善和提升的过程。而为了在这一过程中更好地展现创作设计的成果，必要的设计表达的技术手段也是多样化的，往往根据设计作品呈现的需要，采用三维计算机效果图、各种形式

图 8-14 《舞者》系列作品
杰里·丹尼尔（Jerry Daniel）

图 8-15 《Dlack Labrador》
理查德·杰克逊（Richard Jackson），在美国加利福尼亚纽波特海滩的建筑物外做了一只撒尿的黑色拉布拉多猎犬雕塑。它是理查德·杰克逊精神的表达，也是对这幢看上去无门无窗的冰冷的建筑的讽刺和对建筑师的挑衅

的模型，甚至采用计算机模拟的动画场景等方式来表达创作设计的结果。

　　详细设计也称细部设计，是对初步确定的创作设计方案的细化设计，是介于设计方案与施工详图之间的过程，主要是对作品的各种环节进行深化，添加细节。这个过程关注到作品不同空间的联结处以及重点视觉观赏部位，同时也充分考虑到作品在未来的结构形式，如有些大型的作品还必须考虑到它内部的承重系统与作品表面的关系、建造过程的工艺的可行性等技术问题。这一过程对作品的考虑应当建立在真实、现实的尺度之上，在这种尺度范围内，推敲细部的关键在于概念的创新、材料的选择、结构技术的解决和视觉效果的形成。详细设计要综合考虑以下三个方面内容：第一是功能，要充分满足使用要求；第二是外观，在美学上让人觉得满意，具有艺术性；第三是结构，在材料、结构、机械化、施工工法这些环节上，保证其耐用性、安全性和便于施工。因此一个优秀的细节设计要求以上三个方面相互结合，综合考虑。同时，这个过程需要设计师与建设或施工制作部门紧密沟通，便于后续的实施阶段有序进行。详细设计成果需提交有关部门进行审批。

　　设计修正阶段是指创作设计成果提交审批之后的修改更正阶段，在作品审批过程中来自各行业领域的专家和民众代表会对作品的创作和设计提出相关调整建议，在实施前需要对作品进一步修正和调整。

　　模型设计制作主要用来表达作品造型的实际效果，供创作与设计人员和决策者讨论与审定。在设计方案阶段可称为工作模型，制作可简略些，以便

图 8-16　《弯曲的围栏》（一）
　　金美京（Mikyoung Kim），位于美国马萨诸塞州林肯市，2007。项目场地在一个 3 英亩（约 1.2 万平方米）的阔叶树森林之中，俯瞰着瓦尔登湖区域众多池塘中的一个。设计师希望用现代的设计材料和元素来整合这篇土地上的植物、水域、地貌

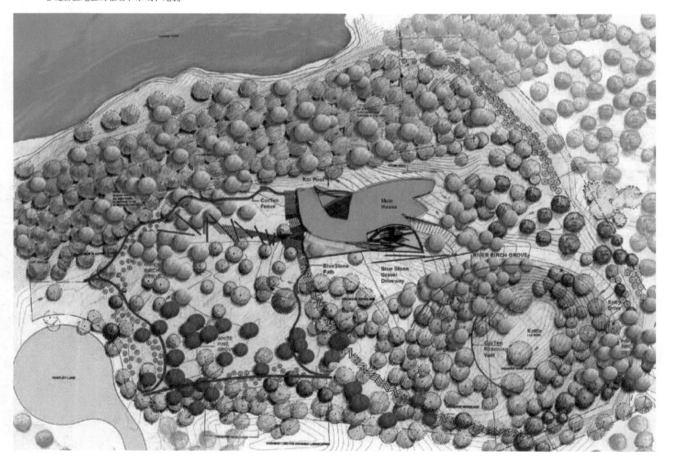

加工和拆卸。材料可用黏土、油泥、泡沫塑料等。在完成初步设计后，可以制作较精致的模型，即展示模型，供审定设计方案之用。展示模型不仅要求表现设计作品接近真实的比例、造型、色彩、质感和空间环境，通常使用易于加工的材料依照方案设计图纸或设计构想，按缩小的比例制成的样品，其比例从1:5、1:8、1:10、1:50不等，也有一些作品需要做1:1的实体模型。方案模型在城市公共艺术设计中表现作品的面貌和空间关系的一种手段。对于技术先进、功能复杂、造型富于变化的作品，尤其需要用模型进行设计创作过程中的推敲与斟酌。

8.4　成果提交形式

城市公共艺术和景观构筑物的创作设计成果提交内容主要包括设计汇报演示文本、设计说明书、设计图纸以及设计模型。

设计汇报演示文本主要用来向业主和有关部门系统、全面展现设计创作的成果。常以演示文稿或幻灯片的形式配合设计师和艺术家做现场汇报使用。通常以图片为主，搭配简练扼要、关键性的文字，并将静态文件制作成动态文件以便浏览，让复杂的问题变得通俗易懂，便于在较短的时间内，让听众理解和明白设计方案的主体内容和设计过程，其形式生动，能够给人留

关注：
　　本书中介绍的是创作设计的一般程序，不同项目根据不同现状条件、建设阶段和业主要求会有不同的特点，需要量身定制合适的工作程序和步骤，工作程序的制订关系到项目时间、进程、工作量及人员和成本的控制，因此需要与业主进行充分沟通。此外，项目运行中可能出现预料之外的问题，需按重要性的优先次序，适当调整工作程序。

图 8-17　《弯曲的围栏》（二）
　　雕塑围栏交织在场地的不同地方，既界定边界，又模糊边界。此景观设计体现了对客户用地的深深敬意，同时其中使用的现代语言又反映了客户在雕塑与艺术上的兴趣。设计旨在利用场地现有的条件：多样的植物，生态的环境及流域而创造出美景

图 8-18 《弯曲的围栏》项目围栏的主材料

下较为深刻的印象。通常使用ppt、pdf或其他适合汇报的文件格式。

设计说明书是以文字的形式对设计创作的概念和方案进行详细描述，方便人们认识和了解设计方案，通常使用Word、Indesign等文本编排软件编制。设计说明要全面详细地说明设计过程和成果，不仅介绍调查研究成果、设计方案的由来、设计思路、概念、方案的优点、特色和相关指标数据，同时也要客观地说明设计方案存在的局限性和需要注意的事项。设计说明书可以根据需要，使用图片、图表等多样的形式，以期达到最好的说明效果。

设计图纸主要由三个部分组成。第一是设计方案图纸。包括前期分析图、方案总平面图、立面图、剖面图、方案分析图、意向图，通常使用Photoshop、Illustrator等绘图和图像处理软件，也可以采用手绘的方式，将手绘图纸扫描后，在计算机中进行适当图面修饰和处理，使其效果清晰而生动。这类图纸通常以彩图为主，主要用于设计成果的说明与展示。第二是CAD工程图纸。CAD软件广泛运用于建筑、景观、工业、机械各专业领域的各种专门设计，主要用于方案设计、工程制图绘制、施工图绘制和数据处理等工作。它具有很好的兼容性和通用性，便于软件之间的交互使用，为计算机制作模型做好准备。第三是设计效果图。通常使用SketchUp、3dsMax等三维图形软件，以二维图片形式模拟未来真实场景效果，需要时可以结合后期渲染插件使用，以便营造逼真美观的视觉效果，让人们对未来建成后的效果

图 8-19 《弯曲的围栏》项目围栏结构图

形成直观的视觉感受。这个过程有助于设计师和艺术家对设计方案进行细致推敲。在方案设计之前，通常先模拟出作品所在公共空间和环境现状，再将设计方案置入其中，即可检验作品在虚拟现实环境中的视觉空间效果，便于从三维视角进行设计修改和调整。

设计方案模型设计的模型是介于平面图纸与实际立体空间之间，它把两者有机地联系在一起，是一种三维的立体模式。设计方案模型有助于设计创作的推敲，可以直观地体现设计意图，弥补图纸在表现上的局限性。它既是设计师设计过程的一部分，同时也属于设计的一种表现形式，其使用材料主要有黏土、石膏、油泥、塑料、木制、金属、综合材料等，是城市公共艺术和景观构筑物审定中不可缺少的审查项目。设计工作的不同阶段所需提交的设计成果是有所不同的。

设计方案阶段的成果主要包括汇报文本、设计说明、前期分析、设计技术路线、调查研究结论、设计定位、设计概念、方案总平面图、立面图、轴测图及相关分析图纸、效果图、方案比选方法与结论以及工作模型。这个阶段的设计图纸要求能够表现出作品各部分与公共空间的关系和基本设计概念、思路与设计功能，包括处理好作品与周围建筑物和环境的关系，以及结构形式的选择和主要技术问题的初步考虑。应能够清晰、明确地表现出整个设计方案的意图。

图 8-20、图 8-21　蓝色飞碟状的圣莫妮卡候车亭
　　　　位于美国洛杉矶

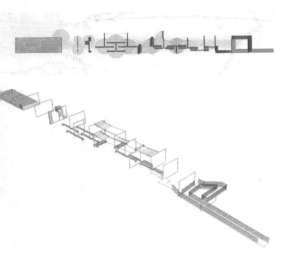

图 8-22 以色列巴特亚姆滨海景观走廊设计概念图

图 8-23 《滨海景观走廊》
该作品位于以色列巴特亚姆进入滨海走廊的入口处，显得格外低调与朴实，并未大张旗鼓地渲染热烈气氛

详细设计阶段的成果是对设计方案的深入和细化设计。对初步方案设计进行深入的技术研究，确定有关各工种的技术做法，使设计进一步完善。这一阶段的设计图纸要绘制出确定的度量单位和技术做法，为施工图纸的制作准备条件。

作品制作实施前还需要进行施工图的绘制。应按照施工图的制图规定，绘制供施工时作为依据的全部图纸。施工图要按国家制定的制图标准进行绘制。景观构筑物的施工图包括构筑物施工图、结构施工图，以及根据作品需要绘制给水排水、电气、动力等施工图。其中施工图纸包括以下图纸。第一，总平面图。表示出构想的构筑物的平面位置和绝对标高、室外各项工程的标高、地面坡度、排水方向，并计算出土方工程量作为施工时定位、放线、土方施工和施工总平面布置的依据。工程复杂的还应该有给排水、电气等各种管线的布置图、竖向设计图等。第二，构筑物平面图。用轴线和尺寸线表示出各部分的尺寸和准确位置，连接处的做法、标高尺寸、配件的位置和编号以及其他工种的做法要求。构筑物的平面图是其他各种图纸的综合表现，应详尽确切。第三，构筑物立面图，表示出构筑物外形各部分的做法和材料情况，各部位的可见高度和连接处的位置。第四，构筑物剖面图，主要用标高表示构筑物的高度及其与结构的关系。第五，节点施工图，包括一些连接处或特殊做法的详图。施工图的详尽程度以能够满足施工预算、施工准备和施工依据为准。

8.5　制作实施

城市公共艺术和景观构筑物的制作实施是设计创作在公共空间中得以实现的重要环节，是整个项目从立项到论证完成之后，执行者运用所具备的人、财、物力将设计创作付诸实际的过程。

城市公共艺术和景观构筑物的实施属于城市景观工程，因此需符合景观工程施工工艺规范。制作实施可以根据作品的实际要求，按照城市景观施工工艺规范进行现场制作施工，也可以按照城市景观雕塑制作的工艺流程在工厂事先进行加工预制，然后运送到现场进行制作安装。本部分将两种方式结合起来，讲解公共艺术作品制作与实施的一般流程，主要按照以下几个步骤进行：施工放样、地面基础处理与基坑开挖、垫层施工、材料准备、工艺操作流程、基础结构施工及安装、工程竣工验收。

施工放样把设计图纸上工程构筑物的平面位置和高程，用一定的测量仪器和方法测设到实地上去的测量工作称为施工放样（也称施工放线）。作品的制作实施通过施工来表达，施工技巧很大程度受放样的制约，可以说放样是整个工程中的重中之重。放样要把整个作品的意境落实到实处，如果只是单纯地依照图纸照搬照抄，那就无法体现出设计师和艺术家所追求的意境，因此放样的施工人员首先需要理解作品的内涵与意义，才能表达作品的意图。放样的工作可分为土方放样和作品放样。土方放样包括平整场地的放线和自然地形的放线。平整场地是施工范围的确定，自然地形放线是整个实施

图 8-24　以色列巴特亚姆滨海景观走廊

工程的核心，它影响外部空间的美学特征、空间感、视野、小气候等，是其他要素的基底和依托，应充分达到设计所表达的意图。作品的放样可根据施工图中坐标测设到场地上定点，同时可选建筑墙体或其他参照物核对样点的精确性。放样过程中遇到图纸尺寸、标高与现场不符合时，需要及时通知设计师结合现场灵活调整。

地面基础处理是整个工程的基石，决定了作品的品质。地面开挖前需要了解所开挖部位的土层结构、土质状况是否能达到设计要求的开挖深度。当开挖至设计标高后发现土层质量较差、土质松软，需要对土层进行处理时，需及时上报业主及设计师，从而调整地面基础结构。基础条件合适的情况下，在精确放样后，进行基坑开挖，届时应及时做好积水坑排水工作，挖方弃土应保持挖方边坡稳定。

垫层施工一般采用碎石垫层，施工时宜摊铺均匀，人工夯实。

材料准备阶段主要对设计主体所使用材料的质量进行筛选和把关，材料的质量是影响作品的质量优劣的重要因素，不合格的材料绝对不能用于作品的制作和建设。一般情况下，材料应选择正规厂家生产的优质产品，符合设计要求和国家规定的质量标准，提供材料的出厂合格证、材质单、质量检测报告等其他资料。

作品制作的工艺操作流程是指作品从原料到制成成品各项工序安排的程序，不同材质的作品其工艺流程各不相同，这里简单介绍几种常见的材质制作工艺流程。

天然石材作品的工艺流程首先根据设计方案制作泥塑模型，确认造型与方案无误后翻制石膏或玻璃钢模具，再由工艺师用石材加工制作专用点型仪制作，最后由客户方验收确认。

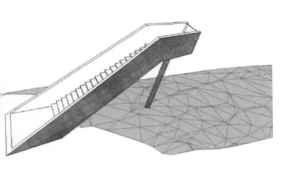

图 8-25　挪威 Stokke 森林阶梯景观草图

图 8-26、图 8-27　挪威 Stokke 森林阶梯景观

耐候钢板是一种现代材料，其锈红色与沧桑感，在一些工业改造景观上有着很好的表现。锈红色让森林阶梯宛如从泥土中拔地而出，充满生命力

　　玻璃钢作品的工艺流程首先根据设计方案制作泥塑模型，确认造型与方案无误后翻制硅胶模具，然后制作仿石材或仿铜的玻璃钢成品，并对其表面做特殊的处理，最后由客户方验收确认。

　　铜制作品的工艺流程首先根据设计方案制作泥塑模型，确认造型与方案无误后翻制硅胶模具，小型铜质作品需采用精铸工艺，翻制石蜡模型，用石英砂等精铸材料制作型壳，烤制型壳脱蜡，烧制型壳，等到铜冷却后打碎型壳，完成铜制作品的制作，然后对作品表面做着色、防腐以及其他处理，最后客户方验收确认。大型铜制作品在翻制硅胶模具后，需采用树脂砂铸造，翻制玻璃钢模型，根据工艺要求采用整体或分块铸造，用树脂制作型壳，制完树脂型壳后浇筑铜水，等到铜水冷却后打碎型壳，铸造完成，如果是分块铸造，需要焊接拼装成型，然后对作品表面做着色、防腐以及其他处理，最后客户方验收确认。

　　基础结构施工和作品的现场安装在一般情况下应根据作品的体量和尺度采用相适应的大型混凝土基础。施工前做好混凝土试验配合比，并进行砂、石试验，根据施工现场情况配置施工配合比。根据施工规范要求，钢筋表面必须清洁无锈；安装时，密缝保证不漏浆；混凝土搅拌时必须搅拌充分，满足混凝土坍落度；混凝土浇筑时必须分层浇筑，振捣密实，浇筑完毕养护充分，然后安装和固定作品，并根据设计图纸要求对细部打磨和装饰。

　　工程竣工验收指作品建设竣工后由建设单位会同设计、施工、设备供应单位及工程质量监督部门，对该项目是否符合设计要求以及施工和设备安装质量进行全面检验，取得竣工合格资料、数据和凭证。

图 8-28　《复兴》（Revival）
　　约瑟夫·艾森豪尔（Joseph Eisenhaur），位于美国芝加哥斯科基北岸雕塑公园

图 8-29　《通往下一个千年》（Bridge to the Next Millennium）
　　杰克·霍姆（Jack Holme），位于美国芝加哥斯科基北岸雕塑公园

图 8-30 《变形兽》（Shapeshifter）
迈克尔·格鲁扎（Michael Grucza），位于美国芝加哥斯科基北岸雕塑公园

城市公共艺术和景观构筑物的制作和实施往往与城市景观建设同步进行，也有在现有公共空间独立增设的情况。制作和实施前需要做好施工组织计划，理清工程相关的周围环境和施工条件，明确业主的要求，比如质量要求、工期要求、技术要求、工程验收标准以及安全环保要求等。对施工现场进行合理的布局和安排，制订施工技术方案，并做好施工的总体部署。

同时，整个施工作业的流程需由施工作业单位和建设单位进行作业申报，再由建设单位和当地管理单位进行审查备案、开工检查、施工过程监督以及竣工验收等一系列工作。

各类城市公共艺术作品和景观构筑物的类型差异很大，施工制作工艺也不尽相同；即使同一类型的作品，也有不同的施工制作方法与流程。尤其是技术的发展，不断将一些新的材料、工艺，甚至于作品创意的呈现方法，注入到城市公共艺术的创作过程中去，使得公共艺术创作成为一项技术不断更新的综合性艺术门类。至于选择何种施工制作方法，则完全应当根据当地的制作工艺、施工能力和材料供应情况而定，而全面考虑作品在施工制作实施过程的可行性和经济性，这也是设计师与艺术家在创作设计中应当考虑的一项重要内容。

思考延伸：
　　1.城市公共艺术作品的一般创作思路是如何形成的？
　　2.如何有效展现城市公共艺术作品的创作设计成果？
　　3.制订设计工作程序和步骤时需要注意哪些问题？

第9章　城市公共艺术与景观构筑物设计实例

9.1　城市广场公共艺术创作实例

9.1.1　项目名称《云门》

项目地点：美国芝加哥千禧年广场

《云门》绰号"豌豆"，是芝价哥市现在的地标性公共艺术作品（图9-1）。作者是英籍印度裔建筑师阿尼什·卡普尔（Anish Kapoor）。《云门》设计为一个以液态水银为灵感的无缝不锈钢塑像。它的外壳可以映射芝加哥的城市轮廓，但映像会因其椭圆外形而扭曲。每当游客们走过塑像时，他们的映像都会被扭曲，如哈哈镜一样。它底部是一个反射重叠映像的凹状空间。这个空间的顶尖离地9m高，能让游客走进作品。

《云门》的建造是极具挑战的工程。设计师在设计过程中使用计算机画图进行复杂结构的分析，并综合考虑各种潜在的问题，如作品在夏天可能会过热，在冬天则又会变得过冷，而极端的气温变化会让它的结构变得脆弱。此外，涂鸦、鸟屎和指纹也会影响塑像的外表。而最具挑战的是为其建造一个无缝外壳。最初，它的重量被估测为60t，但最后达到接近110t。额外的重量使工程师不得不重新设计塑像支架。而它的所在地（公园餐厅的屋顶）也需要加以改造来承受如此重量。最后，分隔芝加哥梅特拉火车轨道和格兰特公园北部车库的挡土墙承受了作品大部分的重量，并成为餐厅的后墙。此墙和剩下的车库地基在建造工程中需要额外的支撑，内部结构则由在广场下的侧部杆件以横拉杆固定。

图9-1　《云门》（（Cloud Gate）
阿尼什·卡普尔（Anish Kapoor），
2004~2006，美国

《云门》的外壳下有几个用来固定塑像的不锈钢组件。这些组件由十字形的管型桁架固定着。它们只在塑像建造阶段中出现，完工后就不再需要任何支架支撑。它们的作用是保证作品在建造过程中不会因某处负荷过大而形成凹陷，同时还能随着温度的波动而和作品一同膨胀和收缩。外壳由168个不锈钢板组成，每个都有10mm厚，重450~910kg不等。设计团队使用了三维建模软件来设计这些钢板。计算机和机器人在这些钢板的成型过程中起了重要的作用，它们操作着滚压机和机器人扫描装置来让钢板成型。建筑人员在每个钢板的内侧焊上金属加强剂以增加其强度。在这些钢板接近完成的时候，便被用具有保护作用的白薄膜围上，并在芝加哥的工地上把它们接焊起来，接缝总长达744m。在焊接过程中，焊工用的是孔型焊接器，而不是传统的焊枪。这些钢板都制造得非常精准，因此它们在安装过程中不需要任何剪裁。建造人员特意为此建了一个巨大的帐篷，以遮盖塑像，避开公众视线。建造外壳的工程从凹形空间开始，因为其钢板连接着内部不锈钢支撑结构（图9-2、图9-3）。

作品的外形完成后进入打磨和抛光接缝阶段，团队在四周建了一个6层高的脚手架。在磨光过程中甚至使用了登山绳和登山背带等工具。团队在外壳上部及周边部分完成后再次拆除帐篷。《云门》的每个接焊都要经过粗切（磨光接焊时出现的接缝）、最初的轮廓（让接焊轮廓成形）、雕刻（让塑像外形变得平滑）、精炼（移除在雕刻阶段留下的细小磨痕）、磨光（抛光及磨光外壳，以打造其跟镜子一样的外表）5个阶段才可以制成其跟镜子一样的外表。

图 9-2、图 9-3 《云门》（（Cloud Gate）

阿尼什·卡普尔（Anish Kapoor），美国

图 9-4～图 9-7　阿尼什·卡普尔（Anish Kapoor）的镜面公共艺术作品

图 9-8、图 9-9 《光场》
巴克马、肖恩（Bachmaier、Sean Gallero），2007，美国

整个作品从设计到完成耗时5年，总工程造价约2300万美元。《云门》成为一个很受欢迎的公众艺术品，并成为明信片、运动衫和海报等纪念品上的必备之物，吸引了很多的市民以及来自世界各地的游客和艺术爱好者。艺术家阿尼什·卡普尔（Anish Kapoor）在其以后大量的公共艺术设计作品中则大量使用镜面反光的艺术效果（图9-4～图9-7）。

9.1.2 项目名称：《光场》

项目地点：美国芝加哥千禧年广场

这是一件与已有的公共艺术作品相结合的优秀作品。它是由莱特沃（Luftwerk）创作的。莱特沃并不是一个人的名字，而是由两位芝加哥艺术学院毕业的艺术家巴克马（Bachmaier）和肖恩（Sean Gallero）组成的艺术合作体。作品是以芝加哥千禧年广场上最受关注作品《云门》为依托而创作的音视频作品（图9-8、图9-9）。

设计师巧妙利用《云门》的镜面扭曲影像效果，并考虑到镜面特点和单纯表面，运用不同色彩灯光组成的平面铺设在它的下面，经过镜面映照形成地面和空中两个光影组合，再辅之以音乐，使芝加哥的地标性雕塑《云门》放射出前所未有的光彩，获得全新的艺术效果。由于《云门》本来就很有名，经过此番装扮，更加吸引了世界各地的游客前来欣赏。

《光场》依托《云门》进行再创作具有以下几个重要意义：第一，说明

公共艺术作品的创作可以常变常新，产生新的可能性，突破一成不变的视觉效果，增添新鲜感，吸引人们的关注；第二，对已有作品和环境进行重新评估，将不同的艺术表现手法融合在一起，能够产生叠加的效果或创新效果。第三，作品突破了视觉和触觉感受，运用新媒体和新科技手段增加听觉感受，并为夜晚欣赏《云门》提供前所未有的视觉新体验。

9.2　商业街区景观小品设计

9.2.1　项目名称：户外公共座椅

项目地点：荷兰埃因霍温

波兰设计师易莎贝尔·波罗兹（Izabela Boloz）设计的"户外家具"亮相街头，作品由蓝色、绿色、橙色等多种色彩的几何木制框架组合成在一起，形成联锁模块的座椅，摆放在人潮涌动的街头，为来此的游客和行人提供游憩和娱乐（图9-10～图9-13）。

作品外观给人以轻松活泼的感觉，兼具实用与美观的功能，让人们乐意坐下来休息，小孩子们乐于攀爬或者玩耍，给人们的互动和交流提供了机会。为原本比较单调的空间增添了无限活力。

这些座椅是由一个个组合单体构成的，从45cm到180cm不等，每个单体也都由分开的木框架并排连接在一起构成，每一个木框架之间有着相同程度

图9-10、图9-11　易莎贝尔·波罗兹（Izabela Boloz）设计的户外公共椅，荷兰

的空间，像梳子齿一样相互之间可以插进去，也可以被拆解重组，这就更增加了体验者的乐趣，就像玩乐高玩具。设计师说："这组座椅的特点就是轻巧，便于携带，并有很大的可变性，在荷兰设计周上展览的一组是临时安装的项目，在波兰，我们使用了金属等不同的材料，计划将它开发成永久的公共项目。"

9.2.2　项目名称：《空旷》（Emptyful）

项目地点：加拿大温尼伯市千禧年图书馆前

艺术家比尔·帕克特（Bill Pechet）与灯光设计师克里斯·帕克（Chris Pekar）合作，在加拿大温尼伯市的千禧年图书馆广场创作出了一件高35ft，长31ft名叫"空旷"的公共艺术作品。作品采用化学瓶的外观，运用光线结合喷雾和水帘，营造出特殊的化学反应效果，感染整个图书馆广场空间，使其看起来像一个露天实验室，仿佛在告诉大家这里有各种各样的知识与科学，也有很多好的创意，可以一起碰撞，产生出更加奇妙的化学反应（见图9-14～图9-22）。

这件作品所使用的灯光是纤巧、审慎而有力的。设计团队把其灯具装置设计成光柱，并按照设计图纸在光柱的两边固定了28个有灯光侧面的能够变换颜色的发光二极管，其中一半指向上方，以加强云雾效果，另一半指向下方，以照亮一层水帘使其像瀑布一样流入下方500gal（1.89m³）容积水槽。

图9-12、图9-13　易莎贝尔·波罗兹（Izabela Boloz）设计的户外公共椅，荷兰

关注：
　　城市商业街区由于人流量较大，场地较为紧凑，空间环境要素较为复杂多变，对于作品的创作会有更多限制和要求，有时还需要满足一些特定社会功能。因此，研究介入公共空间的方式、把握好作品的尺度、比例、造型以及处理好作品与人的行为活动习惯，都显得尤为重要。

图 9-14、图 9-15　《空旷》（Emptyful）
比尔·帕克特、克里斯·帕克（Bill Pechet、Chris Pekar）

图 9-16、图 9-17 《空旷》（Emptyful）
比尔·帕克特、克里斯·帕克（Bill
Pechet、Chris Pekar）

图 9-18 施工中的《空旷》（Emptyful）

而这些变换颜色的发光体设置有18个夏天序列和9个冬天序列，每个序列持续1~2min。发光侧面系列中的红绿蓝灯光装置被用来设计大面积泛光照明，以使表面富于色彩。

整个作品所营造出的惊人效果吸引了上千人前来参观。作品被广袤无垠的草原和天空包围着，天空和城市也是"化学瓶"里的元素，天气景象的变化同时也影响着作品的效果。它反映出这座城市骨子里充满创造力与活力。

图9-19 施工中的《空旷》（Emptyful）

图9-20 ~ 图9-22 《空旷》（Emptyful）
比尔·帕克特、克里斯·帕克（Bill Pechet、Chris Pekar）

9.2.3 项目名称：猪笼草

项目地点：美国波特兰市

这是美国西雅图艺术家丹·考森（Dan Corson）设计的波特兰市光伏城市雕塑（见图9-23～图9-26）。作品是由4个单体构筑物组成，约5.2m高，作品将永久树立于波特兰市 NW Davis大道两旁，并取名为"猪笼草"。这些发光的构筑物以肉食植物猪笼草（Nepenthes）为灵感。 Nepenthes一词来源于古希腊语中一种可消除悲伤和痛苦的神奇药水。作品参考俄勒冈当地的这种植物，为都市环境注入新鲜古怪的元素。

作品由半透明的玻璃纤维制成。纤维中包裹着有钢脊支撑的发光二极管。顶部有特制的光伏板为电池带来能量，使其在夜晚能够闪耀绚丽而独特的光芒，同时白天在阳光下形成独特的圆形阴影。所有"猪笼草"具有统一的形态，但它们有特别的半透明色彩和图案代表它们自己独特的身份。设计者希望通过这组雕塑来加强两个不同社区间的步行交流（见图9-23～图9-26）。类似的作品还有《盛开的向日葵》（Sonic Bloom）（见图9-27～图9-29）。这些作品现在是波特兰城市公共艺术藏品的一部分，并由区域艺术与文化委员会进行管理。

图9-23～图9-26 《猪笼草》（Nepenthes）丹·考森（Dan Corson）设计的波特兰市光伏城市雕塑

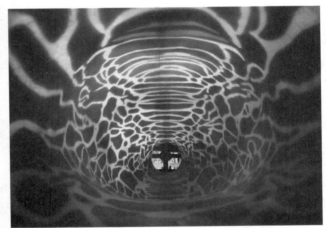

图 9-27 ～ 图 9-29　《盛开的向日葵》（Sonic Bloom）

丹·考森（Dan Corson）的光伏城市雕塑

图9-30、图9-31 《Cap-Rouge 防护墙》
安德烈·阿罗塔(André Arata)，2005，加拿大

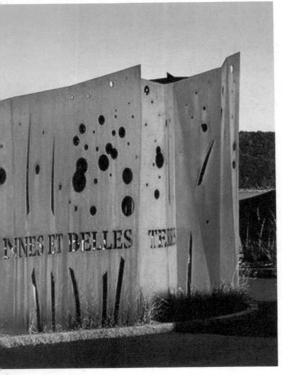

9.3 园林环境公共艺术设计

9.3.1 项目名称：Cap-Rouge 防护墙

项目位置：加拿大魁北克

这个项目是2003年Cap-Rouge悬崖局部坍塌后，魁北克市政府组织完成的一个临时项目，是对位于雅克·卡地亚（Jacques Cartier）海滨大道上紧挨着悬崖的一座酒店进行保护（见图9-30~图9-34）。2005年，在该场地上发现了北美地区的第一个法国的殖民地（1541~1543年）的考古遗迹。据场地的所有者说，魁北克国家首都委员会在悬崖顶部打开一个考古挖掘。在这个过程中，包括清除树木，改变自然排水方式和土壤压实加速了已经发生的水土侵蚀和水土流失。

因此，它转变为一个长期项目，用来支撑悬崖，保护考古遗迹和保障居民和游客的出入安全。起初，它只是一个工程类的项目，需要在悬崖顶部和防护墙底部覆盖网格固定结构并种植植物。后来，它演变成一个景观设计项目，成为一件当代公共艺术作品用来纪念场地和悬崖边沿圣劳伦斯河（Saint Lawrence River）的小路的历史。

设计总监安德烈·阿罗塔（André Arata）认为"设计旨在通过艺术的概念传达该场所的历史与现代气息，'现在'书写在'过去'之上，就像桌子可以反复擦洗干净再使用一样。"混凝土的墙体被耐候钢板所覆盖着，使人们想起海浪与冰雪对海角悬崖拍打敲击了将近500年的时间。之所以使用耐候钢板是因为它能够与场地的历史形成很好的呼应，与铁矿石的开采，并用于建造当地主导型的标识性景观桥形成很好的呼应。作品把卡地亚和罗泊威尔的游记摘录都刻在墙壁上，以此记录这里是他们在这座城市建立第一个法国殖民地。此外，场地可以适应所有季节的变化，因为整个墙面犹如雕塑一般，并安装灯具。

钢板的造型模仿魁北克市冬季冰雪凝结的形态，镂空处小草的造型和圆点的造型也来自于周围环境中常见的元素。景观设计师协调项目确保所有相关各方，包括结构工程师、电气工程师、土木工程师、考古学家、灯光师以及客户代表之间的良好合作，使项目得以顺利进行。

图 9-32～图 9-34　《Cap-Rouge 防护墙》
安德烈·阿罗塔（André Arata），2005，加拿大

图9-35、图9-36 《火焰》
　　阿纳·奎兹（Arne Quinze），上海，
2010

9.3.2 项目名称：《火焰》

项目位置：中国上海静安雕塑公园

　　《火焰》是比利时艺术家阿納·奎兹（Arne Quinze，1971～）为"2010世博静安国际雕塑展"特别创作的大型装置艺术（见图9-35～图9-40）。艺术家特别考察静安雕塑公园的曲廊空间，充分发挥其想象力，运用大量木材搭建成的装置作品。由于公园是闹中取静的休闲胜地，而作品临近人们休息的回廊，掩映在树丛中，仿佛身处于大自然。作品大量使用木材这种自然的元素，每一根都象征着一个人，许多木头代表着许多人大家相聚在一起。

　　《火焰》表面上看似混乱，不对称的造型与对立的极端却和谐地融合在一起，作品的造型具有鲜明特点，极具张力，放佛熊熊燃烧的火焰，富有流动感，宏伟而神奇。透过层层的架空与重叠，达到匪夷所思的平衡，白天光影斑驳，夜间灯光交互折射，像是都市人幻想的思绪，庞杂中蕴含有序。由于经常拜访中国，设计师对中国有一定的了解，他认为这件作品在许多方面代表着中国特点或者说很像他所理解的中国：相互纠结在一起的木方，就如同中国有很多的人，外表来看并没有什么章法，但其内部有坚实稳定的结构。中国人既团结又具有凝聚力，能够产生使国家快速增长的力量。

　　作者在欧美做过许多类似的作品，如奥地利维也纳的《Bidonville 长城》、法国巴黎《重生》、比利时布鲁塞尔《城市掠影》、《时间之门》等，一般都是选择在人流、车流量很大的地方，需封闭交通后进行搭建，展出几个月后就拆除。那些作品一开始引发争议，拆除后又令人想念，产生一种空虚感，借此机会能让更多市民了解当代公共艺术。上海的这件作品是永久性的，为了长期保存，作者与结构工程师对作品结构进行更周详的计算（见图9-41、图9-42）。

图 9-37 ～ 图 9-40　阿 纳 · 奎 兹（Arne Quinze）在其他城市中与《火焰》表现手法类似的作品

图 9-41、图 9-42　阿 纳·奎 兹（Arne Quinze）在其他城市中与《火焰》表现手法类似的作品

思考延伸：

　　1.城市广场中公共艺术的创作需要注意哪些因素？

　　2.不同场所公共艺术作品的创作设计有哪些不同点？

　　3.如何能够使城市公共艺术作品有效地融入环境？

第10章 优秀公共艺术作品分析与欣赏

本章主要介绍10个具有代表性的大师经典公共艺术作品，并以全球范围内20个当代公共艺术领域内优秀的作品为例，进行介绍与分析。通过对大量优秀作品的浏览和欣赏，加深对城市公共艺术作品的认识与理解。

10.1 大师经典作品

10.1.1 作品：《火烈鸟》（Flamingo）

作者：动态雕塑的发明者亚历山大·考尔德（Alexander Calder，1898～1976）

《火烈鸟》是美国总务管理局根据联邦百分比公共艺术预算中司法委托的第一件作品。它是一个高约16m的风动雕塑，于1973年建成，设置于美国伊利诺伊州芝加哥联邦广场上。作品由钢制成，重50t，采用"考尔德红"，在黑色矩形钢现代建筑办公大楼的包围中显得格外耀眼。作为一个抽象雕塑，它是完全静止的，只是随着气流做相对移动。同时，为人们提供了一个人性化大尺度的公共空间，火烈鸟的形状则暗示人与自然界的严峻关系。目前它被安置在芝加哥的现代艺术学院内（见图10-1）。

图 10-1 《火烈鸟》（Flamingo）
亚历山大·考尔德 Alexander Calder, 1974

图10-2 《家庭群像》
英国雕塑家亨利·斯宾赛·摩尔（Henry Spencer Moore），1962

10.1.2　作品：《家庭群像》

作者：英国雕塑家亨利·斯宾赛·摩尔（Henry Spencer Moore，1898～1986）

作品位于作品位于英国斯蒂夫尼奇（Stevenage）的巴克莱学校内，是摩尔在二战后的第一件大尺寸委托创作。作品中母亲双手环绕孩子的腰部，父亲托着孩子的双腿，他们的头部自然转向自己心爱的儿子，给人慈祥和爱怜的感觉；孩子在父母环抱中显得活泼乖巧；整个作品充满了一种宁静温馨的氛围。在人物的空间处理上三个形象有机链接而互不阻挡，表示了家庭成员之间的独立人格，又巧妙地传达出孩子是联系父母的重要纽带的含义，充分表现了家庭共享天伦之乐的美好生活（见图10-2）。

10.1.3　作品：《勺子桥和樱桃》

作者：美国波普公共艺术家奥登伯格（Claes Oldenburg，1929～　）

作品位于美国明尼苏达州明尼阿波利斯市雕塑公园内。作品高9m，长15.7m，宽4.1m。勺子是一座货真价实的桥，横跨在池塘上方。无懈可击的光滑边缘和艳丽的色彩赋予雕塑很强的观赏性。樱桃柄部设计成了一个喷泉，喷泉淋在樱桃表面使其色彩鲜艳，水润饱满。在冬季，大雪弥补了水的作用，雕塑顶部的积雪使它变成了一个美味的樱桃冰激凌（见图10-3）。

图10-3 《勺子桥和樱桃》
克莱斯·奥登伯格（Claes Oldenburg）

图 10-4、图 10-5　《四棵树》
　　法国艺术家让·杜布菲（Jean Dubuffet），位于美国纽约曼哈顿的摩根大通银行广场上，1970

10.1.4　作品：《四棵树》

作者：法国艺术家让·杜布菲（Jean Dubuffet，1901~1985）

作品设置于美国纽约曼哈顿的摩根大通银行广场上，作者是二战后巴黎先锋派艺术的领袖艺术家。他经常在画作中使用非传统的材料，如沙子、原始艺术、精神病患、儿童绘画以及巴黎的街头涂鸦等不受重视的边缘文化。以强烈的色彩和基础图形，描绘人物轮廓和空间结构，给人一种视觉上的震撼。作品展示的是波浪起伏、形式不规则、具有极端风格的树群，现在就处于都市摩天大楼的脚下，所有的高耸壮丽都一览无余。它扭曲的比例像是在引人注目的立体丛林中未完工的涂鸦，恰如其分地与旁边高楼呆板的几何形状，橄榄球广场的石板材形成了强烈的对比（见图10-4、图10-5）。

10.1.5　作品：《给卡塞尔的 7000 棵橡树》

作者：德国艺术家约瑟夫·波依斯（Joseph beuys，1921~1986）

这是一个公共艺术计划，艺术家通过栽植一棵树和一个花岗石砖的象征性举动，让场所与周遭的环境（附近的空间）区隔开来。被选中的是橡树，因为它经常被用来代表日耳曼人的灵魂。这7000棵橡树也因此代表相当稠密的一个群体。假如人等同于树，依据同样的象征结构，聚集大量个人的城市就是一个森林。

这7000棵树并非同时种下，时间的过程也是计划的一部分。在1982年的文献展时，波依斯在德国弗里德利卡农美术馆前，放了7000个花岗石砖，并在其中一个石砖旁种下了第一棵橡树。这个象征性的举动只是个开始，之后有许多追随者重复相同的动作，最后一棵树则一直到艺术家死后，才挨着第一棵树的旁边种下。种一棵树、立一块石头是一种原始仪式性的实践，目的是号召每一个接受此计划的人，愿意在城市的空间内与他人共同且公开地参与这个行动。这个计划是"对于所有摧残生活和自然的力量发出警告的行动"，而透过这个口号，他的作品成为哲学的实践，强调人与自然的深层关系，以及每个个体必须身体力行，以超越那些远离自然的力量（见图10-6）。

关注：
　　大师经典作品通常是指具有典范性、权威性的、经久不衰的传世之作，经过历史选择出来的"最有价值的"，在特定类型中首创的、最具代表性的、最完美的作品，它影响后来一切形式的作品。大师经典作品是最能代表这一个时代的作品。

图 10-6　《给卡塞尔的 7000 棵橡树》
　　德国艺术家约瑟夫·波依斯（Joseph beuys）

图 10-7 《加州剧本》中的河流水景
野口勇，1983

图 10-8 《加州剧本》中的能量喷泉
野口勇，1983

10.1.6 作品：《加州剧本》（Califonia Scenario）

作者：日裔美国人野口勇（Isamu Noguchi，1904~1988）

1983年在美国洛杉矶近郊一个小镇上的商业中心外，野口勇设计了一个名为《加州剧本》的庭院，它是以美国加利福尼亚州风景为主题的一系列雕塑群。其中包括象征财富的大石景雕塑、象征加利福尼亚州河流的水景（见图10-7）象征能量的喷泉（图10-8）以及碎石、沙和仙人掌等植物象征沙漠地质；野口勇对铺地使用本地材料，采用规则和不规则的形态模拟加利福尼亚州气候和地形，以叙述性的方式唤起人们对美国加利福尼亚州景观的联想，也试图创造出一种与世隔绝的冥想空间。

10.1.7 作品：《古怪》

作者：法国观念艺术家丹尼尔·布伦（Daniel Buren，1938~）

法国每年邀请一位世界驰名的当代艺术家为巴黎大皇宫特定的场域创作一件作品做展览。2012年受邀创作的是丹尼尔·布伦，他用圆形、颜色和镜子在大皇宫主殿的高45m、占地14000m²的展览空间上演彩光、声音、影子的盛会，既带装饰性又具抽象性的作品让人愉悦，也让人思考。上百个与地面保持水平的圆形顶盖充满了整个空间，它们彼此紧挨在一起，大小、高低不一。每一个圆形的不锈钢框架中都伸展地固定上了蓝色、黄色、橙色或是绿色的半透明塑料薄膜。它们被黑白的立柱支撑起来，光线从大厅中央的玻璃穹顶洒下来，仿佛热带森林里闪耀着奇异彩色，大皇宫开敞的中殿沉浸在一片五彩斑斓的光之海中（见图10-9、图10-10）。

图 10-9、图 10-10 《古怪》
法国观念艺术家丹尼尔·布伦（Daniel Buren），2012

10.1.8　作品：《Wonderland》系列雕塑

作者：西班牙当代艺术家乔玛·帕兰萨（Jaume Plensa，1955 ~ ）

作品由两个公共艺术品组成。一个是位于加拿大卡尔加里市中心Tallest大厦门口的 "Massive New Head"，它高达39ft（11.9m），由钢铁铸造，原型是一个真实小女孩的头像。有趣的是雕塑有两个入口，游客可以走进去参观。另一个是位于约克郡雕塑公园的 "Alberta's Dream"，由青铜铸造，原型是艺术家本人的自画像。《Wonderland》系列雕塑见图10-11、图10-12。

艺术家擅长运用创新材质进行作品的创作，注重环境的光线、视觉等因素的搭配，最为突出的是运用 "镂空" 材质塑造雕塑作品。创作题材以大尺度的人像雕塑作品为主，颠覆常规创作思路，采用透明的结构材料来制作，使得镂空的人像和周边的自然景观相得益彰融为一体，并集合了光、声以及文字元素给予公众栩栩如生的拟真的空间状态。

图 10-11、图 10-12　《Wonderland》系列雕塑
　　西班牙当代艺术家乔玛·帕兰萨（Jaume Plensa）

10.1.9　作品：《小狗》

作者：美国艺术家杰夫·昆斯（Jeff Koons，1955 ~ ）

作品第一次被建造是在德国巴特阿罗尔森城堡附近，由三位艺术经销商委托建造。它是一个高约13m的经过修剪的高大西高地白梗小狗雕塑，表面覆盖着各种各样的花卉，包括金盏花、秋海棠、凤仙花、矮牵牛等，安置在一个透明镀铬的不锈钢底座上。1995年被拆除，并在悉尼海港博物馆当代艺术重新竖立了一个新的、更持久的不锈钢钢骨架，并在内部配备灌溉系统。之前德国阿罗尔森的小狗由2万棵植物组成，而悉尼港的版本植物数量高达约6万棵。这件作品后来还曾由所罗门·R·古根海姆基金会在1997年购买并安装于古根海姆博物馆外面的露台上。在2000年，这座雕像又前往纽约市的一个临时展览在洛克菲勒中心（见图10-13）。

图 10-13　《小狗》
　　杰夫·昆斯（Jeff Koons），1997

图 10-14　《星球》系列作品中的巨型婴儿
　　　　英国艺术家马克·奎恩（Marc
Quinn）

图 10-15、图 10-16　《7》
　　　　美国雕塑家理查德·塞拉（Richard
Serra）

10.1.10　作品：《星球》系列作品中的巨型婴儿

作者：英国艺术家马克·奎恩（Marc Quinn，1964～）

这件作品是作者2014系列作品中的一件，坐落于新加坡滨海湾花园内。作者以自己儿子为原型，创造一个巨大而飘起的婴儿，希望引起人们的思考，如我们的星球，也是很脆弱的，人类生活与生存的星球之间的关系等。但它并非一种宣言，对于不同的观赏者会有不同的解读方式。作品由铜制成，非常承重，内部由一个巨大的钢结构与地下庞大的根基相连接，但由于它是白色的，且仅靠一只手轻轻撑在草坪上的处理方式，使婴儿的整个身体看起来就像悬浮在空中，形成十分轻盈的视觉效果（见图10-14）。

10.2　当代优秀作品

10.2.1　作品：《7》

作者：美国雕塑家理查德·塞拉（Richard Serra，1939～）

类型：建筑性，材料质感型

作品《7》置于伊斯兰艺术博物馆阿拉伯风的现代建筑与多哈那最有大都市气息的地平线之间——后者中充满不断滋生的高层建，作品由7个面组成，开口与博物馆位于同一轴线，游客从3个矩形的开口进入时，博物馆仿佛正将你吸入其内部空间，抬头望向顶端的七边形空隙，有一种深邃的感觉。在白天，阳光投下阴影，能带给这雕塑更多的层次，而在夜晚的光照中，钢材呈现出一种朦胧的哥伦比亚之蓝，薄薄的锈迹也闪耀着金黄色的光焰。该作品如今已成为卡塔尔的地标性建筑物被亲切地称为"卡塔尔的艺术灯塔"（见图10-15、图10-16）。

图 10-17、图 10-18　《野餐》（Picnic）
迈克尔·贝茨（Michael Beitz）

10.2.2　作品：《圆圈野餐桌》

作者：美国艺术家迈克尔·贝茨（Michael Beitz）

类型：建筑性，隐喻内涵型

艺术家热衷于创作"野餐"主题的户外家具，他擅长利用一种胶合板和一种特殊的来自中世纪弯曲手段，使家具呈现出扭曲或波浪形结构，主要的家具类型是野餐桌、沙发、椅子等，产生一种奇特的视觉效果和使用体验（见图10-17、图10-18）。

10.2.3　作品：《立体迷宫》

作者：泰国某建筑事务所

类型：建筑性，隐喻内涵型

立体迷宫位于泰国沿海城市邦盛（Bangsaen）的一个海滨游乐公园内，设计理念源于观察现今年轻人的生活方式。当孩子和父母同处一个空间中，交流不免尴尬，因此他们设计了一座亲子的立体迷宫，希望在攀爬的过程中，大人和孩子在几十组复杂路线寻找过程里得到交互与交流。从塔底部到顶部用正常的速度攀爬会消耗10卡路里。这座美丽的红色立体迷宫与一旁绿色树林相互辉映，人们登达顶部时，便可瞭望大海和公园景色，犹如大树一般，完美地融于环境（见图10-19、图10-20）。

图 10-19、图 10-20　《立体迷宫》
泰国某建筑事务所

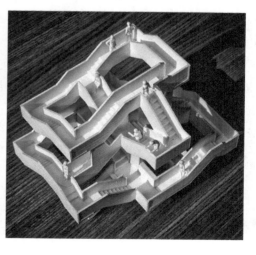

图 10-21、图 10-22 《候车亭》
Maxwan 工作室

图 10-23 《大熊猫》
劳伦斯·爱勋（Lawrence Argent）

图 10-24 《蓝熊》（Bluebear）
劳伦斯·爱勋（Lawrence Argent）

10.2.4 作品：《候车亭》

作者：荷兰Maxwan工作室

类型：建筑性，材料质感型

在鹿特丹中央区的新巴士总站外，有三个粉红色的候车亭，凹凸有致的三个"微薄"屋顶让人联想到被风吹起的布面织物棚顶，而这正是设计师的意图。这三个漂亮的候车亭由四台钢柱撑起三个5m×10m的檐篷，其厚度仅为9.5mm，是"世界上最薄的钢屋顶"。在柔和的粉红色之下安装有能容纳40名乘客的座椅，光洁如丝绸一般，与"被风吹起的屋顶"相呼应，让人感觉到这并不是冷冰冰的钢铁城市，反而有家一般的温馨，尽管这些钢铁的棚顶每个都有5t重（见图10-21、图10-22）。

10.2.5 作品：《大熊猫》

作者：劳伦斯·爱勋（Lawrence Argent）

类型：景观性，装饰趣味型

2014年1月，著名艺术家劳伦斯·爱勋为成都国际金融中心设计制作了《大熊猫》，中国的国宝熊猫生长于四川，一只巨型"熊猫"正跨过竹林，穿越城市钢筋森林，来到红星路步行街上的成都国际金融中心。以熊猫为主题的创作主要目的是为了提醒人们可爱生灵正面临灭绝的事实，希望大家积极参与到熊猫公益保护中来，也为中国西部树立一座最国际、最潮流、最时尚的城市地标。作品的设计理念与设计师最著名代表作品《蓝色的熊》（Blue Bear）一脉相承（见图10-23、图10-24）。

10.2.6 作品：《图像与场地》

作者：斯考特·斯特比克（Scott Stibich）

类型：景观性，视觉美感型

这是一个环境重塑的项目，在美国俄亥俄州克利夫兰公共图书馆的伊士曼阅读花园内。作品由两部分构成：一部分是图书馆的一道弧形墙，面对着植物错落的庭院，艺术家将这道墙处理成一个个魔方似的方块，并用粉红、嫣红和镜面材料装饰了这些方块，使这道墙增添了一种温暖感，而镜面材料又能够映照出庭院中的人和树，给原本静谧的环境增加了活力与动感；另外一部分是花园中摆放的100张粉红色铁靠椅，供人们阅读与休息。椅子是可以自由搬动的，与静态的墙形成对比，组合成千变万化的场景。作品注重人的参与，强调动静的对比，把艺术与功能完美结合，让使用者舒适地享受着公共空间中洋溢的艺术氛围（见图10-25、图10-26）。

10.2.7 作品：《生命的足迹》

作者：日本当代艺术家草间弥生

类型：景观性，隐喻内涵型

作品是为2013年我国台湾桃园县地景艺术节而创作的。桃园丰富的陂塘水圳和农村风貌等自然原生风貌得到草间弥生的认同与重视。作品由15个不同大小的装置组成，它们色彩鲜艳、造型可爱，外形是大小不一的黑点，点缀在桃红为底的装置物上，随风飘浮于陂塘上，吸引许多民众围观。每一件作品都算过重量，以保持平衡，作品之间都会有一定的距离，会随着新屋陂塘的风转向不同的角度，象征着生命力旺盛的移动力量，展现生命的不同足迹。通过社区营造方法强化本地民众的参与及互动，让民众注意到自然生态的重要性，进一步唤醒人们关怀生态环境（见图10-27）。

图10-25、图10-26 《图像与场地》
斯考特·斯特比克（Scott Stibich）

图10-27 《生命的足迹》
草间弥生

图 10-28 《无穷动》
瑞士动态雕塑家拉尔方索·格施文德
（Ralfonso Gschwend）

图 10-29、图 10-30 《交通岛》（Pod cetrtek）
斯洛文尼亚建筑师 ENOTA

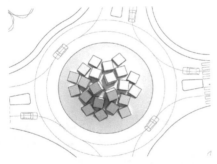

10.2.8 作品：《无穷动》

作者：瑞士动态雕塑家拉尔方索·格施文德（Ralfonso Gschwend，1959 ~ ）

类型：景观性，视觉美感型

作品是大型风动力钢铁雕塑，分别摆放于瑞士日内瓦、美国佛罗里达棕榈滩、中国郑州的室外公共空间。作品高约6ft（1.83m），修长的底座托起一个环状金属外圈，在它的中心精确地设置一个数学符号"∞"，这是由36个金属圆环相互交叉排列而成，随风向和风速的改变，能同时围绕多重轴心呈现自由的360°旋转，复杂的装配和设计使它们的转动看起来千变万化，高度抛光的不锈钢圆环不断改变反射的内容，令观者看得眼花缭乱。夜晚，地面上的聚光灯将其照耀得更加光亮璀璨，旋转的圆环反射出变换的灯光（见图10-28）。

10.2.9 作品：《交通岛》（Pod cetrtek）

作者：斯洛文尼亚建筑师 ENOTA

类型：景观性，材料质感型

作品位于城市体育场群区域，附近有一个露天运动场，一个带泳池的水疗中心，一个酒店。该交通岛的规划旨在缓解该地区繁忙的交通，同时中央环岛被期望成为一个区域入口标示。环岛上大块的混凝土象征了遍布在周围的体育场馆。这些以不规则趋势排列的混凝土块仿佛从地下长出，有着深深的根系，不断往天上冒，导致地面膨胀，那些裂缝使得地层里面的水喷出，形成喷泉。整个作品具有极强的视觉冲击力，这个喷泉的造型也与附近的水疗中心呼应（见图10-29、图10-30）。

10.2.10 作品：《绿色地球》

作者：法国艺术家弗朗西斯科·阿贝拉内（Francois Abelanet）

类型：景观性，装饰趣味型

作者受巴黎市政厅邀请设计新的庭院作品，作品采用3D幻视艺术画效果，使站在远处合适角度上观望的人觉得是一个种着树木和草地的巨大绿色地球，地球上还有白色线条构成经纬线，尽管远处看起来作品很小，但实际上它的长度达到100m，而且使用了1200m²的草皮和650m³的沙土。人们也可以进入"地球内部"休息和进行休闲娱乐活动。作品希望人们可以正视自然在都市中的立足点，实现城市规划与大自然微妙平衡的关系（见图10-31）。

10.2.11 作品：《Field》

作者：新西兰的建筑师团队 Out of the Dark

类型：展示性，隐喻内涵新型

作品是2013年悉尼艺术节的项目之一，位于澳大利亚悉尼的海德公园内，设计师在25m²的绿地开放空间上，将一组81根四方镜面立柱（相当于423面镜子）设置在草地上，传递出对视觉本质的一种思考。游客倘徉其中，会发现自己沉浸在镜子的迷宫中，而镜子中折射出树木、草地、天空、周围的环境和不断变化的场景，就像一个城市景观万花筒，也可以看到自己在其中的样子，会对真实与幻象产生思索（见图10-32）。

图10-31 《绿色地球》
法国艺术家弗朗西斯科·阿贝拉内
（Francois Abelanet）

图10-32 《Field》
新西兰的建筑师团队 Out of the
Dark, 2013

图10-33、图10-34 《"弹奏我吧，我是你的"》（"Play me, I'm yours"）
英国艺术家卢克·杰拉姆（Luke Jerram），这个活动自2008年起

10.2.12 作品：《弹奏我吧，我是你的》（"Play me, I'm yours"）

作者：英国艺术家卢克·杰拉姆（Luke Jerram，1974～）

类型：展示性，装饰趣味型

该作品是由英国艺术创意家卢克·杰拉姆（Luke Jerram）原创的城市公共钢琴活动，自2008年起，从纽约到悉尼，从伦敦到巴黎，从多伦多到杭州，迄今已经有超过1000架钢琴被摆放在了全世界的37个城市中，该项公益活动以"音乐无国界、文化共交流"为宗旨，全世界已有超过600万人参与其中。起初，作者注意到每天经过同一条马路的陌生人之间缺乏一种互动性，他们通常都是匆匆而过，于是便想设计一些户外钢琴装置，旨在以美妙的音乐来打破人们单调乏味的日常生活状态，从而在公共空间中建立一种陌生人之间的交流和联系，将充满沉默的空间气氛通过音乐的效能来得以改变。他首先在英国伯明翰安置许多钢琴，受到大众的广泛欢迎，便将此方案在世界上许多国家和地区加以实施（见图10-33、图10-34）。

10.2.13 作品：《绿色大椅子》

作者：美国艺术家马克·瑞杰曼（Mark Reigelman Ⅱ，1972～）

类型：展示性，装饰趣味型

作品位于墨西哥蒙特雷可持续发展公园去的一栋创意中心入口前，是为当地的一个设计节而创作。设计节旨在通过研讨、讲座、展览、放映、装置等活动推动当代工业设计的创意与创新。作品是一张订满了不同深浅绿色方木片的近两层的高大椅子（30ft高，14ft宽，14ft进深）。艺术家希望这张椅子契合设计节的形象，同时又与场地的历史（过去的建筑是一所学校）发生关联。20名志愿者花费十天时间安装完成（见图10-35）。

图10-35 《绿色大椅子》
马克·瑞杰曼（Mark Reigelman Ⅱ）

10.2.14 作品：《纪念拳王阿里雕塑》

作者：艺术家迈克尔·卡利什（Michael Kalish，1973～）

类型：展示性，视觉美感型

作品使用了5mi长钢缆和1300个拳击套，约3层楼高，无论从哪个角度看，都是一场震撼的拳击暴雨。但是到一个特定的视角，则能够看到拳王阿里那栩栩如生的肖像，最终效果非常惊人（见图10-36）。

图10-36 《纪念拳王阿里雕塑》
迈克尔·卡利什（Michael Kalish），2011

10.2.15　作品：《Stone Garden》

作者：乔纳森·邦纳（Jonathan Bonner）

类型：展示性，装饰趣味型

艺术家乔纳森·邦纳使用12个座位的石头，创造"禅意"的空间。这些花岗岩石块座位分散在五个草坪旁边的正门，使用者可以坐下来吃午饭，或者彼此交谈。作品概念是"约定的石头"从大厅往外看，可以看到正在步行道上行走的人和坐下来休息的人。在温馨和平静的环境，让使用者享受清新的室外空气，让前来体检和访问的人们可以自由自在的方式在科罗拉多会议中心前集合或休憩（见图10-37）。

10.2.16　作品：《水平区域》

作者：英国雕塑家安东尼·葛雷姆（Anthony Gormley，1950~ ）

类型：偶发性，隐喻内涵型

《水平区域》是英国雕塑家安东尼·葛姆雷（Antony Gormley）与布雷根茨美术馆（Kunsthaus Bregenz Museum）合作的艺术项目，作品安装在奥地利福拉尔贝格州阿尔卑斯山，安置时间2010年8月至2012年4月，为期两年，该项目是迄今为止同类艺术项目首次在奥地利山脉实施的最大景观干预计划，占地超过$150km^2$（约合$58mi^2$）。作者创作了100件真人大小的铸铁人体作品全部暴露在各种自然环境下，经历不同的日照和季节变化，为观者带来不同的感觉。作者此次选择山区景色，给人留下深刻的印象。其目的是将雕像放置在不断变化的环境中，将"人类"带回到最原始的生存状态中，反思人们与环境的微妙关系（见图10-38、图10-39）。

图10-37　《石园》（Stone Garden）
　　　　乔纳森·邦纳（Jonathan Bonner）

图10-38、图10-39　《水平区域》
英国雕塑家安东尼·葛雷姆（Anthony Gormley）

图10-40、图10-41 《东京白色》
法国艺术家艾曼钮·莫尔(Emmanuelle Moureaux)

图10-42、图10-43 《蓝色蜗牛入侵米兰大教堂》
裂解艺术团(Cracking Art Group)

10.2.17　作品：《东京白色》

作者：法国艺术家艾曼钮·莫尔（Emmanuelle Moureaux，1971～　）

类型：偶发性，视觉美感型

作者在新宿中央公园安装了一片全色彩艺术装置，该装置共使用到分别染上100种色彩的织物。这些手工染制织物随风而荡，在摩天大楼林立的新宿，在2014年东京的夏天，给人们带来了非凡的景象，飘逸的光影还有远离现实的想象空间设计中运用各种明快活泼的色彩，在东京的复杂空间中用色彩创造奇迹，将色彩之美淋漓尽致地挥发出来（见图10-40、图10-41）。

10.2.18　作品：《蓝色蜗牛入侵米兰大教堂》

作者：裂解艺术团（Cracking Art Group）

类型：偶发性，装饰趣味型，隐喻内涵型

米兰大教堂这几个世纪在经历战争、酸雨侵蚀等生存考验后，在2012年10月8日到10月13日迎来了蓝色蜗牛的"攻击"。它们出现在米兰大教堂的屋顶，这个艺术盛会的名字叫做"再忧思"。所有蜗牛都是由再生塑料制成，120cm长，55cm宽，高87cm，13kg的大家伙们攀爬在教堂屋顶的各个角落，以神圣而悠久的讲堂作为背景，俯瞰着繁华的城市。作品看似充满乐观色彩，其实在谴责社会上的各种变质现状，希望透过创作，记录下当代社会所发生的种种，拯救或展示我们眼前的一切事实。这些蜗牛在艺术展结束后，所有销售收入都用于米兰大教堂的屋顶修缮，为整个城市做出贡献（见图10-42、图10-43）。

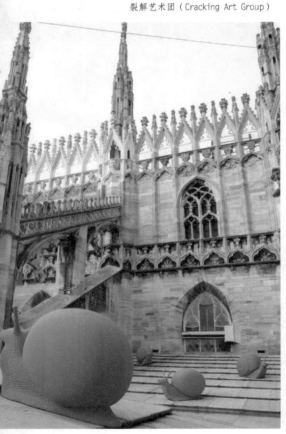

10.2.19　作品：《梦醒时分》

作者：韩国景观设计师金美京（Mikyoung Kim，1962～）

类型：新媒体，视觉美感型

作品位于美国北卡罗来纳州教堂山市中心的一座公共广场上，由韩国景观设计师金美京于2013年完成的发光蛇形雕塑。作品长70ft，长蛇形的折叠状金属表面下隐藏着喷雾管，伴随着10min的LED灯光秀循环，释放雾气，在雾气中，该装置一直变幻着多种色泽。当光线亮起时，犹如流动的液体光，色彩鲜艳奇异，在炎热的夏季，喷雾则更受欢迎。最初的设计理念是为响应周围的水文要素。同时该装置作为雨水管理系统，可以帮助减少广场上的雨水径流（见图10-44、图10-45）。

10.2.20　作品：《智能数字站》（Digital Stopover）

作者：马修·雷昂纳（Mathieu Lehanneur，1974～）

类型：新媒体，视觉美感型

这是位于法国巴黎香榭丽舍大街上的一个智能数字站，能让使用的每一个人都受益。这个数字站可以遮挡阳光，为人们提供座椅，并提供高速的WIFI接入。其造型像由树桩托起的绿色花园。精心打磨的混凝土座椅配有插座和休息小台面，方便人们放手或者书或者笔记本。智能数字站还为游客和居民配置了一个包含城市服务信息和指南的大触摸屏。这款城市公共家具是将科技直接植入城市生活的先行者（见图10-46、图10-47）。

图10-44、图10-45　《梦醒时分》
金美京（Mikyoung Kim）

图 10-46、图 10-47　《智能数字站》（Digital Stopover）
马修·雷昂纳（Mathieu Lehanneur），位于法国香榭丽舍大街，2012

思考延伸：

1.城市公共艺术作品成为经典的必要条件有哪些？

2.未来城市公共艺术作品呈现出怎样的发展趋势？

3.如何鉴别城市公共艺术作品的优劣？

参考文献

[1] 王中著. 公共艺术概论. 北京：北京大学出版社，2007.

[2] 马钦忠著. 公共艺术基本原理. 天津：天津大学出版社，2008.

[3] 马钦忠著. 雕塑空间公共艺术. 上海：学林出版社，2004.

[4] 李建盛著. 公共艺术与城市文化. 北京：北京大学出版社，2012.

[5] 朱淳著. 景观建筑史. 济南：山东美术出版社，2012.

[6] 王曜著. 公共艺术日本行. 北京：中国电力出版社，2008.

[7] 吴婕著. 城市景观小品设计. 北京：北京大学出版社，2013.

[8] 彭一刚著. 中国古典园林分析. 北京：中国建筑工业出版社，1986.

[9] 李德华著. 城市规划原理. 北京：中国建筑工业出版社，2008.

[10] 胡天寿译注 计成撰. 园冶. 重庆：重庆出版社，2009.

[11] ［日］芦原义信著. 街道的美学. 天津：百花文艺出版社，2006.

[12] ［英］伊恩·麦克哈格著. 设计结合自然. 芮经纬译. 天津：天津大学出版社，2006.

[13] ［美］凯文·林奇著. 城市意向. 北京：华夏出版社，2001.

[14] ［美］约翰·O·西蒙兹著. 景观设计学. 俞孔坚，王志芳译. 北京：中国建筑工业出版社，2000.

[15] ［德］汉斯·罗易德，斯蒂芬·伯拉德著. 开放空间设计. 罗娟，雷波译. 北京：中国电力出版社， 2007.